10
1969

Faserforschung und Textiltechnik

WISSENSCHAFTLICH-TECHNISCHE ZEITSCHRIFT
FÜR DIE CHEMIEFASER- UND TEXTILINDUSTRIE

BEGRUNDET VON
ERICH CORRENS UND WALTER FRENZEL

HERAUSGEGEBEN VON ERICH CORRENS –
WOLFGANG BOBETH – HANS BÖHRINGER – HERMANN KLARE –
BURKART PHILIPP – CHRISTIAN RUSCHER

SCHRIFTLEITER J. BRÄMER UND I. RUSCHER

AUS DEM INHALT

AKADEMIE-VERLAG BERLIN

Faserforsch. u. Textiltechnik • 20. Jahrg. • Heft 10 • Seiten 461—508 • Berlin im Oktober 1969

Steif wie ein Brett

.... war meistens nur die einzige Eigenschaft, die herkömmliche Appreturen unseren Textilien verliehen. Steif- und Füllappreturen aus Schkopau unter der Bezeichnung **„PRÄWOZELL®"** nehmen heute bei der Ausrüstung von Textilien einen wichtigen Platz ein.

Griff- und Gebrauchseigenschaften der Gewebe können in vielfältigster Weise verändert werden. Für Baumwolle- und Viskosefasern, Anzug- und Möbelbezugstoffe, Samt- und Cordgewebe, Gardinen, Chemieseidengewebe, Filze, Hüte und Teppiche sind Sie mit Appreturmitteln aus Schkopau immer gut beraten.

Fordern Sie eingehendes Informationsmaterial über unsere diversen Präwozell-Typen an.

VEB CHEMISCHE WERKE BUNA · DDR 4212 SCHKOPAU

DK 678.675'126:547.466.3'318:66.095.26.001.573:543.062:542

Reinisch, Gerhard, und *Gohlke, Ulrich*

Zur analytischen Laborpolymerisation von Caprolactam

Faserforsch. u. Textiltechnik **20** (1969) 10, S. 463—466. 4 Abb., 2 Tab., 13 Lit.

Es wird eine Laborpolymerisationsapparatur für quantitativ-analytische sowie für präparative Aufgabenstellungen beschrieben und ihre experimentelle Zuverlässigkeit an Beispielen belegt.

DK 661.728.32:677.463.061.43:547.339.211:541.124:543.227:677.016.673.3/.4.

Lukanoff, Todor, Philipp, Burkart, und *Loth, Fritz*

Zur heterogenen Umsetzung von Cellulosefasern mit α-Chloracrylnitril

Faserforsch. u. Texilttechnik **20** (1969) 10, S. 486—490. 3 Abb., 3 Tab., 19 Lit.

In Abhängigkeit von den Reaktionsbedingungen wurde die Umsetzung von Cellulosefasern mit α-Chloracrylnitril untersucht. Die nach einem „umgekehrten Zweibadverfahren" erhaltenen Produkte waren vor und nach einer „Dechlorcyanäthylierung" in Cuoxam unlöslich und wiesen alle ein „Chlordefizit" auf. Mögliche Ursachen für dieses Verhalten werden diskutiert.

DK 677.494.745.32—133.22:66.095.262.3:677.494.021.5:677.494.061

Berger, Werner, Dohrn, Waldemar, Hartig, Siegfried, Peters, Werner, und *Rudolf, Hans*

Herstellung und Eigenschaften chlormodifizierter Acrylfasern

1. Mitt.: Modacrylfasern auf Basis binärer Acrylnitril/Vinylchlorid-Copolymerisate

Faserforsch. u. Textiltechnik **20** (1969) 10, S. 467—472. 6 Abb., 7 Tab., 24 Lit.

An kleintechnisch nach dem Emulsionsverfahren (Redoxsystem) hergestellten acetonlöslichen Acrylnitril/Vinylchlorid-Copolymerisaten wird über Zusammenhänge zwischen den Spinnbedingungen und Eigenschaften der erhaltenen Versuchsfasern berichtet.

DK 677.463:677.46.061.7:546.33—36:532.14:541.124:[546.11:541.57]

Jančařik, Václav, und *Kuniak, Ludovit*

Untersuchung der chemischen Accessibilität und Eigenschaften der Viskosefaserstoffe

Faserforsch. u. Textiltechnik **20** (1969) 10, S. 491—495. 2 Abb., 4 Tab., 11 Lit.

In der Arbeit werden physikalisch-mechanische und strukturelle Eigenschaften der hochnaßfesten, Hochmodul- und polynosischen Faserstoffe verglichen. Dabei wird besondere Aufmerksamkeit der Veränderung dieser Eigenschaften nach der Behandlung mit NaOH-Lösungen gewidmet. Aus den Ergebnissen der Interaktionswärme in NaOH-Lösungen und der Dichteänderung bei wachsendem Feuchtegehalt werden die chemische Accessibilität und die Stärke der sekundären Wasserstoffbindungen der untersuchten Faserstoffe beurteilt.

DK 678.744.72:530.389:532.13:532.51:541.182.644

Joffe, Zenon, und *Rosner, Tadeusz*

Rheologische Untersuchungen an konzentrierten wäßrigen Lösungen von Polyvinylalkohol

Faserforsch. u. Textiltechnik **20** (1969) 10, S. 472—480. 7 Abb., 3 Tab., 38 Lit.

Auf Grund durchgeführter Messungen des Relaxationszeitspektrums von konzentriertem 14%igen Polyvinyl(PVA)-Lösungen und daraus berechneter Werte des effektiven Viskositätskoeffizienten wurden Überlegungen über den Strömungsmechanismus der konzentrierten PVA-Lösungen unter Bildung einer Gelstruktur angestellt.

DK 677.463.064:677.46.061:[539.12.04:539.124]:677.46.021.925:[547.458.81:542.92]

Grimm, Harald, und *Heger, Adolf*

Zur Kenntnis der Eigenschaftsänderungen von Viskosefasern nach Bestrahlung mit beschleunigten Elektronen und thermischer Nachbehandlung

Faserforsch. u. Textiltechnik **20** (1969) 10, S. 495—498 3 Tab., 19 Lit.

Durch Bestrahlungsversuche mit beschleunigten Elektronen an Viskosefasergeweben konnten Aussagen von Patenten, nach denen durch Bestrahlung mit ionisierenden Strahlen und thermische Nachbehandlung Verbesserung des Knittererholungsvermögens und der Scheuerbeständigkeit bei Cellulosefaserstoffgeweben zu erzielen sei, nicht bestätigt werden. Vielmehr findet bei Bestrahlung dieser Gewebe mit beschleunigten Elektronen auch bei verschiedenen thermischen Nachbehandlungen ein Celluloseabbau statt.

DK 547.458.81:532.13.08:541.182.644:66.067.38:535.36:532.135

Schurz, Josef, (*unter experimenteller Mitarbeit von Uragg, Hedwig, Renger, Jutta, Gruber, Erich,* und *Schmidt, Karl Heinz*)

Viskositätsmessungen an gelhaltigen Celluloselösungen

Faserforsch. u. Textiltechnik **20** (1969) 10, S. 481—486. 3 Abb., 10 Lit.

Die Ermittlung des Gelanteiles von Celluloselösungen, der z. B. die Ursache verschiedener Trübungen bei hochpolymeren Cellulosederivaten mit gleichen rel. Molekülmassen, Stickstoffgehalten und gleicher Herkunft sein kann, wird in Ergänzung früherer Arbeiten auf verschiedenen Wegen versucht, und zwar über die Grenzviskositätszahl, die Ultrafiltration und die *Guinier*-Zerlegung der Lichtstreuungskurven. Ferner wird das Verhalten von Gelen in Netzlösungen und ihre Einwirkung auf deren rheologische Eigenschaften diskutiert. Es wird vermutet, daß die Gele Reste von Cellulose-I-Kristalliten sind.

Kurze Mitteilungen

DK 677.494.675'126:677.494.021.5:677.494.021.94:535.55:535.32

Kaufmann, Siegfried

Einige Ergebnisse optischer Untersuchungen zur Fadenbildung und Kaltreckung von Polyamid 6

Faserforsch. u. Textiltechnik **20** (1969) 10, S. 499—500. 10 Lit.

Die Zeitschrift „Faserforschung und Textiltechnik“ erscheint monatlich in Heften zu 48 Textseiten im Format A 4. Der Preis für das Einzelheft beträgt M 15,— (Sonderpreis für DDR M 9,—), für den Vierteljahrbezug M 45,— (Sonderpreis für DDR M 27,—), zuzügl. Bestellgeld. Die Berechnung erfolgt zu Beginn eines Vierteljahrs für 3 Hefte. Bestellungen aus dem Gebiet der Deutschen Demokratischen Republik an ein Postamt, eine Buchhandlung oder den Verlag, aus der Deutschen Bundesrepublik an eine Buchhandlung oder die Auslieferungsstelle Kunst und Wissen, Erich Bieber, 7 Stuttgart 1, Wilhelmstraße 4—6, aus dem Ausland an eine Importbuchhandlung, den Deutschen Buch-Export und -Import GmbH., 701 Leipzig, Postschließfach 276, oder den Akademie-Verlag GmbH., 108 Berlin, Leipziger Str. 3—4 (Fernruf: 220441; Telex-Nr. 0112020; Postscheckkonto 35021) erbeten. Bestellnummer dieses Heftes: 1014/20/10. Alleinige Anzeigenannahme DEWAG-WERBUNG, 102 Berlin, Rosenthaler Str. 28/31, und alle DEWAG-Betriebe in den Bezirksstädten der DDR. — Bestellungen in der UdSSR nehmen entgegen: Städtische Abteilungen von „SOJUZPECHATJ“ bzw. Postämter und Postkontore.

Herausgeber und verantwortlich für den Inhalt: Prof. Dr. Erich Correns, Institut für Faserstoff-Forschung der Deutschen Akademie der Wissenschaften zu Berlin, 153 Teltow-Seehof, Fernruf: Teltow 4831; Prof. Dr.-Ing. habil. Wolfgang Bobeth, Institut für Technologie der Fasern der Deutschen Akademie der Wissenschaften zu Berlin, 801 Dresden, Hohe Str. 6, Fernruf: 44721; Prof. Dr.-Ing. Hans Böhringer, Institut für Textiltechnologie der Chemiefasern Rudolstadt, Fernruf: Rudolstadt 2031; Prof. Dr. Hermann Klare, Prof. Dr. habil. Burkart Philipp und Dr. Christian Ruscher, Institut für Faserstoff-Forschung der Deutschen Akademie der Wissenschaften zu Berlin, 153 Teltow-Seehof, Fernruf: Teltow 4831. Schriftleiter: Joachim Brämer und Dipl.-Chem. Ingeborg Ruscher, 153 Teltow-Seehof, Kantstr. 55. Verlag: Akademie-Verlag GmbH., 108 Berlin, Leipziger Str. 3—4. Satz und Druck: Druckhaus „Maxim Gorki“, 74 Altenburg. — Veröffentlicht unter der Lizenznummer 1280 des Presseamtes beim Vorsitzenden des Ministerrates der Deutschen Demokratischen Republik.

Manuskriptsendungen sind an einen der Herausgeber oder die Schriftleitung zu richten. Für Inhalt und Form gelten die „Richtlinien für die Annahme und Abfassungen von Beiträgen“, erhältlich von der Schriftleitung. Die Verfasser größerer wissenschaftlicher Arbeiten erhalten außer dem Honorar ein Heft und 50 Sonderdrucke ihrer Arbeit unentgeltlich.

Faserforschung und Textiltechnik

WISSENSCHAFTLICH-TECHNISCHE ZEITSCHRIFT FÜR DIE CHEMIEFASER- UND TEXTILINDUSTRIE

Band 20 | Oktober 1969 | Heft 10

Vor 20 Jahren, am 7. Oktober 1949, wurde die

Deutsche Demokratische Republik

gegründet. Die Werktätigen unseres Arbeiter-und-Bauern-Staates haben in diesen vergangenen 20 Jahren, geleitet von dem Gedankengut des Marxismus-Leninismus, große Erfolge erringen können und auf den geistigen und materiellen Trümmern einer unseligen Vergangenheit einen Friedensstaat auf deutschem Boden geschaffen, in dem der Sozialismus immer mehr seiner Verwirklichung entgegengeführt wird.

Im ersten Jahr nach der Gründung der DDR konnte der Plan einer Zeitschrift, die wissenschaftliche Erkenntnisse und Ergebnisse vor allem aus den Forschungseinrichtungen der Chemiefaser- und Textilindustrie unseres Staates vermitteln sollte, verwirklicht werden. Nach den ersten Anlaufschwierigkeiten wurde die Zielsetzung, die „Faserforschung und Textiltechnik" zu einem Vermittler wissenschaftlicher Arbeitsergebnisse für die Praxis zu machen, immer weiter ausgebaut. Der Autorenkreis konnte auf das Ausland, vor allem auf die sozialistische Staatengemeinschaft, ausgedehnt werden; durch Aufnahme einer aktuellen Literatur- und Patentschau sowie zahlreicher Buchbesprechungen werden die Leser sehr schnell und vollständig über alle wichtigen Ergebnisse und Neuerscheinungen auf unserem Gebiet aus der ganzen Welt informiert.

Wenn wir heute mit Freude feststellen können, daß unsere „Faserforschung und Textiltechnik" sich zu einer allgemein im In- und im Ausland anerkannten wissenschaftlichen Zeitschrift für unser Fachgebiet entwickelt hat — von der Auflage werden rund 40% im sozialistischen und 40% im übrigen Ausland gehalten —, so glauben wir, damit zum wissenschaftlichen Ansehen unseres nunmehr zwanzigjährigen Staates in der ganzen Welt unseren Beitrag geleistet zu haben.

Die Herausgeber und die Schriftleitung der „Faserforschung und Textiltechnik" danken für die stete Unterstützung, die sie durch unsere staatlichen Stellen erfahren haben, und versichern am 20. Jahrestag der DDR, daß sie sich auch weiterhin mit allen ihren Kräften bemühen werden, der Aufgabe, unsere Chemiefaser- und Textilindustrie durch die Vermittlung wissenschaftlicher Erkenntnisse zu fördern, gerecht zu werden.

Herausgeber und Schriftleitung

Zur analytischen Laborpolymerisation von Caprolactam[1)]

Gerhard Reinisch und Ulrich Gohlke
Deutsche Akademie der Wissenschaften zu Berlin, Institut für Faserstoff-Forschung in Teltow-Seehof

DK 678.675'126:547.466.3'318:66.095.26.001.573:543.062:542

Es wird eine Laborpolymerisationsapparatur für quantitativ-analytische sowie für präparative Aufgabenstellungen beschrieben und ihre experimentelle Zuverlässigkeit an Beispielen belegt.

К аналитической полимеризации капролактама в лабораторном масштабе

Описана лабораторная аппаратура для полимеризации с целью проведения количественных анализов и препаративных работ. На ряде примеров показана экспериментальная надежность работы аппаратуры.

On the Polymerisation of Caprolactam on Analytical Laboratory Scale

A laboratory scale polymerisation device is described for quantitative-analytical and preperative application. Its reliability is demonstrated by examples.

1. Problemstellung

Die Kinetik der Monomerenanlagerung bei der Caprolactampolymerisation wird durch Dilatometrie [1] rasch und recht zuverlässig erfaßt. Die Polykondensationskinetik, Endgruppenverhältnisse und Gleichgewichtsprobleme lassen sich dagegen nur mit den aufwendigeren Mitteln präparativ-analytischer Polymerisationsmethoden untersuchen.

Für solche Untersuchungen werden zweckmäßigerweise quasigeschlossene Systeme [2] verwendet, man arbeitet also in Ampullen, die einen möglichst kleinen Dampfraum enthalten und die vollkommen vom Heizmedium umhüllt werden. Erprobte Ausführungsformen derartiger Apparaturen sind von *Wiloth* [3] sowie von *Hermans* u. Mitarb. [4] vorgeschlagen worden. Noch gibt es aber nur wenige Systeme, in denen die Schmelze gleichzeitig thermostatiert und umgewälzt wird. Man benötigt Apparaturen dieser Art für Reaktionsmischungen mit anfangs ungelösten Initiatoren und für Untersuchungen von Polyamiden mit $P_n > 100$, also beispielsweise zur Analyse von Nachpolykondensationsreaktionen. *Wiloth* [5] durchmischte solche Ansätze mittels einer Stahlkugel, die während der Hubbewegungen einer Ampulle durch einen Magneten auf konstanter Höhe gehalten wurde. Er vermerkte aber, daß eine Beeinflussung des Reaktionsgeschehens durch die Metallkugel nicht völlig auszuschließen war. Wir haben mit einer Apparatur, in der Ampullen um ihre Querachse in einem Thermostatenbad umgewälzt werden, gute Erfahrungen gemacht. Arbeitsweise und Aussagesicherheit dieser Polymerisationsmethodik sollen nachstehend beschrieben werden.

2. Arbeitsweise[2)]

In sorgfältig gereinigte Reaktionsrohre aus Jenaer Geräte- oder Rasothermglas (Länge 150 mm; Durchmesser 15 mm) werden der Initiator und 1/30 mol hochreines Caprolactam (Reinigung durch Vakuumdestillation unter N_2 ($<$ 1 ppm O_2); Zusatz von KOH bei der ersten Destillation) auf 10^{-4} g genau eingewogen. Die Rohre werden evakuiert ($<$ 1 Torr) und das Vakuum mit Stickstoff ($<$ 1 ppm O_2) aufgehoben. Dieses „Spülen" mit Stickstoff wird zweimal wiederholt, die Rohre werden anschließend unter Stickstoffnormaldruck abgeschmolzen, so daß Ampullen von 80 mm Länge entstehen. Diese Ampullen werden in Messinghülsen mit Bajonettverschluß an eine in einem Siliconölbad (z. B. Siliconöl NM 5–500 des VEB Chemiewerk Nünchritz) rotierende Scheibe (10 U/min) mit Stahlfedern angeklemmt (vgl. Bild 1).

Das Siliconölbad wird über 2 Heizkreise auf die Solltemperatur einreguliert (s(10) bei 256 C 0,23 grd). Dabei wird der Strom im Grundheizkreis so gewählt, daß die erreichte Temperatur 5 grd unter der Solltemperatur liegt (500 bis 700 Watt je nach Reaktionstemperatur bei einem Badvolumen von ca. 10 l). Der Spitzenheizkreis wird über

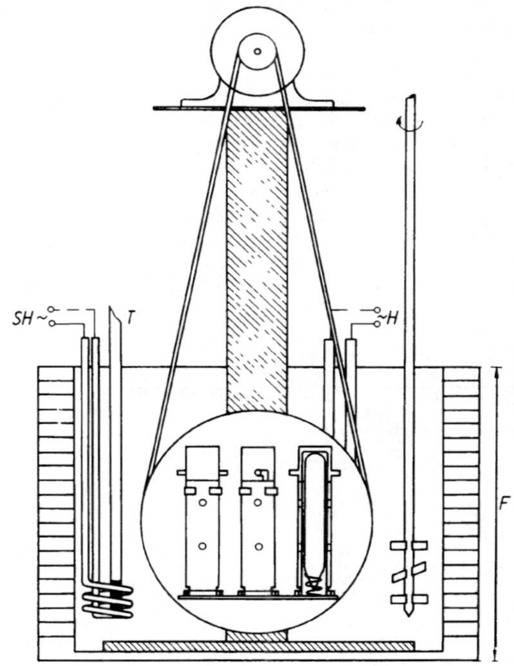

Bild 1. Schnittzeichnung der Polymerisationsapparatur
F = Siliconölfüllhöhe; SH = Spitzenheizung; H — Grundheizung; K = Kontaktthermometer

[1)] 7. Mitt. über „Analytik von Polycaprolactam". 6. Mitt. s. *Dietrich, K.:* Zur manometrischen Wasserbestimmung in Polyamidschnitzeln. Faserforsch. u. Textiltechnik **20** (1969) 4, S. 198–199.

[2)] vgl. auch Dissertation *U. Gohlke*, Humboldt-Universität Berlin 1968.

ein Kontaktthermometer geregelt. Die Wärmeisolierung des Badgefäßes besteht aus einer Glaswollepackung in Asbesttuch (2 cm) und wird durch einen Deckel vervollständigt.

Die Durchmischung im Bad erfolgt durch Rühren und durch die Umwälzeinrichtung der Ampullen.

Nach Ablauf der Reaktionszeit werden die Ampullen abgeschreckt, zerschlagen und der vom Glasbruch befreite Polymerenkörper von Hand grob zerkleinert. Auf Korngrößen von maximal 2,5 mm Durchmesser läßt sich das Polymere in einer IKA-Analysenmühle (Fa. *Janke* und *Kunkel*, Stauffen i. Br.) mit gekühlter Edelstahlmahlkammer und Hartmetallmesser bei 20000 U/min zerkleinern. Niedermolekulare Anteile und die Polymerenmasse werden nach 16 h Heißwasserdurchflußextraktion [6] gravimetrisch bestimmt.

Die rel. Lösungsviskositäten wurden an Lösungen des Polymeren in 95,6 %iger Schwefelsäure (0,5 bzw. 1 g/dl bei 20 °C ± 0,02 grd) gemessen.

Der Vertrauensbereich unserer Messungen im *Ubbelohde*-Viskosimeter (Kapillare Nr. 2) beträgt bei einheitlichem Material $q_{95} = 2,7 \cdot 10^{-3}$ ($\bar{x} = 2,697$ bei 1 g/dl).

3. *Fehlerabschätzung*

Für kinetische Untersuchungen muß man ca. 2 min von der Gesamtverweilzeit der Ampullen im Bad abziehen. Das ist die Zeitspanne, die (bei $220 < t < 280$ °C ziemlich unabhängig von der Badtemperatur) zum Aufheizen von Ampulle und Ansatz auf 180 °C benötigt wird. Während dieser „Totzeit" ist noch nicht mit Reaktionen zu rechnen, da Amidierungen bei Temperaturen unter 180 °C nur sehr langsam verlaufen.

Aus den Ergebnissen von Aufheizversuchen in (offenen) Ampullen (Bild 2) ist zu ersehen, daß es noch weitere 3 min dauert, bis der Ampulleninhalt die Hauptmenge der Wärmeenergie aufgenommen hat, die benötigt wird, um Monomeren- bzw. Polymerenschmelze von 180 °C auf die Solltemperatur (hier 255 bzw. 256 °C) zu bringen; der in Bild 2 aufgezeichnete Temperaturverlauf wurde mit Thermoelement und Kompensationsbandschreiber (geeicht) gemessen. Innerhalb dieser 3 min kommt es allerdings sowohl in polymerisierenden wie in polykondensierenden Systemen schon zu Umsetzungen. Wir schlagen trotzdem vor, die kinetische Zeitberechnung (für Bad- und Solltemperatur 256 °C) erst mit dem Zeitpunkt 5 min nach Einsetzen der Ampullen in das Heizbad zu beginnen. Nach unserer Schätzung wird der positive Zeitfehler, den wir damit empfehlen, durch den negativen Temperaturfehler in der Zeitspanne 0 bis 3 min kinetischer Zeit-Berechnung (3 bis 6 min in

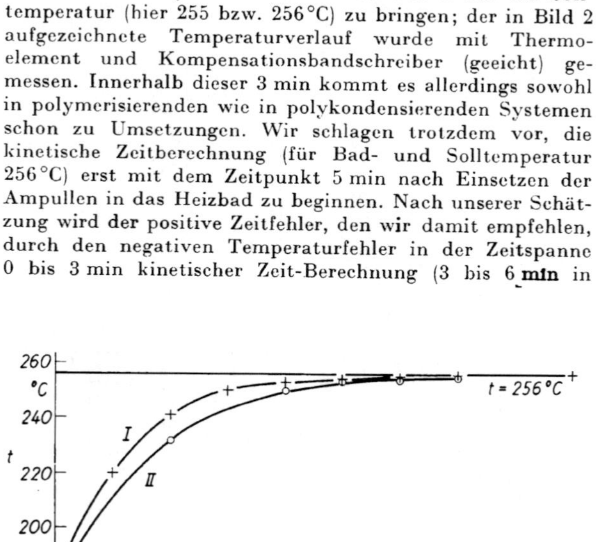

Bild 2. Temperaturverlauf beim
I Aufheizen von Caprolactam auf 256 °C
II Aufheizen von Polycaprolactam auf 255 °C

Tabelle 1. Fehleranalyse für einen 3-h-Ansatz bei 256 °C ($3 \cdot 10^{-2}$ mol 11-Aminoundecansäure/mol Caprolactam)

	Anzahl der Versuche	$\bar{x}$	s
Umsatz	5	83,6%	0,24%
η_{rel} [1g/dl]	6	2,289	0,006
$[\eta]$*)	6	102,59 [ml/g]	0,390 [ml/g]
$\bar{P}_n$**)	6	137,69	0,67

*) Berechnet nach *Matthes* [9]
**) Berechnet mittels $[\eta] = 5,0 \cdot 10^{-2}\ \bar{M}_n^{0,79}$ [ml/g] [10]

der Zeitskala von Bild 2; 5 bis 8 min nach Einsetzen der Ampullen) in etwa kompensiert. Mindestens diese weiteren 3 min dauert es nämlich, bis das Reaktionssystem tatsächlich auf Solltemperatur gekommen ist (Bild 2).

Untersucht man die Polykondensation von Polymeren mit $\bar{P}_n > 100$, dann kommt man (auch bei wasserfreien Ausgangssubstanzen) schon nach relativ kurzen Zeiten in den Einflußbereich der Rückreaktion. *Wiloth* [5] legte deshalb die Verhältnisse nach 2,5 min Reaktionsdauer (in zuvor 2 min auf 150 °C vorgewärmten Ampullen) zugrunde, um die Anteile an katalysierter und an unkatalysierter Amidierungsreaktion an der Hinreaktion zu bestimmen. Der Temperaturverlauf in solchen Ampullen läßt es geraten erscheinen, den ersten Meßzeitpunkt für Untersuchungen dieser Art auf frühestens 7 min nach Erreichen der 180 °C-Grenze zu verlegen.

Wir arbeiteten ohne den von *Hermans* u. Mitarb. [4] empfohlenen Verdrängungskörper mit einem Schmelze/Dampfraum-Volumenverhältnis von ca. 1,0. Der wahre Wassergehalt in der Schmelze (bei 220 °C und 0,11 Masse% Wasser z. B. 86,8% des freien Wassers [7]) kann gegebenenfalls nach diesen Angaben von *Wiloth* und für $220 < t < 256$ °C nach *van Velden* [8] berechnet werden.

In Tabelle 1 sind die Fehlergrenzen von Umsatzbestimmung und viskosimetrischer Polymerisationsgradbestimmung für eine mit 11-Aminoundecansäure ($3 \cdot 10^{-2}$ mol/mol Caprolactam) initiierte Polymerisation bei 256 °C und 3 h Reaktionsdauer angegeben.

4. *Anwendungsbeispiele*

4.1. *Polymerisationskinetik*

Die beschriebene Methodik war zunächst für mechanistische und kinetische Untersuchungen an phosphorsäurekatalysierten Caprolactampolymerisationen erarbeitet worden [11]. Bei Vergleichspolymerisationen mit ε-Aminocapronsäure und mit Di-ε-aminocapronsäure als Initiatoren zeigten sich Unterschiede in den Reaktionsgeschwindigkeiten der durch die beiden ω-Aminosäuren ausgelösten Polymerisationen (Bild 3). Auf solche Unterschiede hatten bereits *Yumoto* und *Ogata* [12] aufmerksam gemacht. Die japanischen Autoren haben aber eine zu komplizierte Erklärung für ihre Befunde gegeben.

Der wahre Grund für die scheinbare Verzögerung der Reaktion im Aminocapronsäure/Caprolactam-System liegt einfach an der geringeren Konzentration an Kettenwachstumszentren in diesem System (Bild 4). In Bild 4 ist die Konzentration an Kettenwachstumszentren in beiden Systemen in Abhängigkeit von der Reaktionszeit dargestellt. Sie wurde durch kondukto-

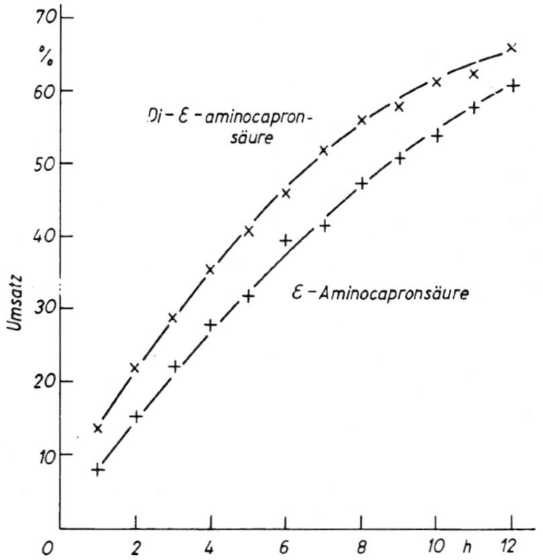

Bild 3. Lactamumsatz bei Polymerisation von wasserfreiem Caprolactam mit 10^{-2} mol/mol ε-Aminocapronsäure bzw. Di-ε-aminocapronsäure; Reaktionstemperatur 230 °C

metrische Titration (Phenol (3)/Methanol (1) (m/m); n/50 methanolische Salzsäure) der Aminogruppen unextrahierter Proben bestimmt. Man erkennt, daß im Aminocapronsäuresystem bereits zum ersten Probenahmezeitpunkt (bei ca. 8 % Umsatz; 230 °C) nur noch 68% der ursprünglich eingebrachten Aminogruppen vorhanden sind. Der Differenzbetrag an Aminogruppen (und eine äquimolare Menge Carboxylgruppen) sind durch Lactambildung des Initiators aufgebraucht worden. Auch im Diaminocapronsäuresystem nimmt die Kettenzahl ab. Diese (auf Polykondensationsreaktionen zurückzuführende) Konzentrationsveränderung der Wachstumszentren erfolgt nicht schlagartig, sondern stetig. Dies führt zu den unterschiedlichen Reaktionsordnungen für den Lactamverbrauch. Bruttoreaktionsgeschwindigkeitskonstanten für beide Systeme (und jeweils 10^{-2} mol Initiator/mol Lactam) sind in Tabelle 2 zusammengestellt.

Die Aktivierungsenergien betragen für das Aminocapronsäuresystem $12{,}4 \pm 1{,}0$ kcal mol^{-1} und für das Di-ε-aminocapronsäuresystem $11{,}6 \pm 0{,}4$ kcal mol^{-1}.

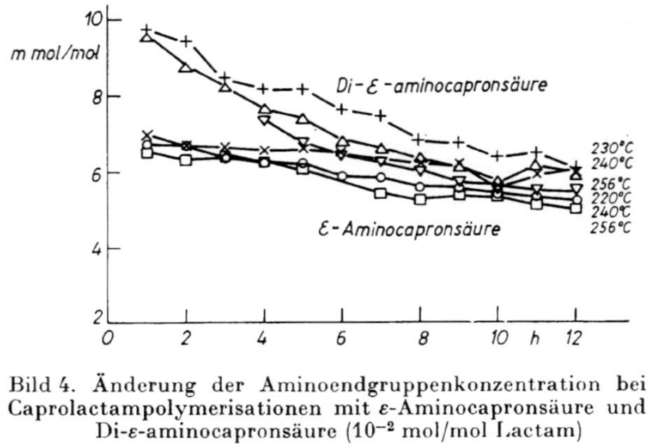

Bild 4. Änderung der Aminoendgruppenkonzentration bei Caprolactampolymerisationen mit ε-Aminocapronsäure und Di-ε-aminocapronsäure (10^{-2} mol/mol Lactam)

Tabelle 2. $\bar{k}(\tau)$-Werte für die Monomerenanlagerungsreaktion bei Caprolactampolymerisationen mit 10^{-2} mol Initiator/mol Lactam

Temperatur	ε-Aminocapronsäure		Di-ε-amincapronsäure	
[°C]	[h^{-1}]	s(7)	[mol · $kg^{-1} \cdot h^{-1}$]	s(7)
220	0,0633	0,002	13,17	0,38
230	0,0785	0,001	16,79	0,84
240	0,1025	0,002	21,23	0,48
256	0,1488	0,004	29,31	0,84

4.2. *Nachweis endgruppenblockierender Verunreinigungen im Caprolactam*

Nach dem Massenwirkungsgesetz wird eine Endgruppenkonzentrationserhöhung von [COOH] μÄqu/g auf [COOH]′ μÄqu/g im Gleichgewichtszustand des Polyamidierungsgleichgewichts von einer Monocarbonsäurekonzentration

$$[\mathrm{COOH}]_{\mathrm{stab}} = [\mathrm{COOH}]' - \frac{[\mathrm{COOH}]^2}{[\mathrm{COOH}]'}$$

hervorgerufen (vgl. *Schwartz* [12]).

Nach 3 h Polymerisation ist bei 256 °C und $3 \cdot 10^{-2}$ mol/mol 11-Aminoundecansäure als Initiator in unseren Ampullen das Polykondensationsgleichgewicht näherungsweise erreicht. Bei einer polymerisationsmethodisch bedingten Fehlergrenze der rel. Lösungsviskosität von $q(\eta_{\mathrm{rel}}) = 6{,}510^{-3} (\bar{x} = 2{,}289)$ (Meßtechnik s. o.) kann man erwarten, daß sich im beschriebenen System endgruppenblockierende Verunreinigungen erkennen lassen, wenn sie eine Viskositätsverminderung von $\Delta\eta_{\mathrm{rel}} > 1{,}5 \cdot 10^{-2}$ erwirken. Eine solche Verminderung z. B. von $\eta_{\mathrm{rel}} = 2{,}30$ auf $\eta_{\mathrm{rel}'} = 2{,}28$ ([COOH] = 65,45 μÄqu/g; [COOH]′ = 66,44 μÄqu/g) entspricht einer Fremdsäurekonzentration von $[\mathrm{COOH}]_{\mathrm{stab}} = 1{,}97$ μÄqu/g. Nimmt man weiter an, die gedachte Fremdsäure sei eine Monocarbonsäure der Molmasse 100, dann müßten sich mit unseren Methoden 200 ppm einer solchen Substanz im technischen Caprolactam nachweisen lassen. Man wird dazu zweckmäßigerweise je drei Ampullen mit dem hochreinen Vergleichslactam und die übrigen mit der zu untersuchenden technischen Probe füllen. Ein Versuch mit einem Zusatz von 1/300 mol Benzoylaminocapronsäure (M = 235,3)/mol Lactam (6931 ppm) zeigte, daß unser System bei der in Tabelle 1 angegebenen Arbeitsweise für derartige Analysen verwendet werden kann, daß es also tatsächlich näherungsweise ein Gleichgewichtssystem ist. Für Polymerisationen unter Zusatz dieser Fremdsäuremenge errechnet sich ausgehend von den in Tabelle 1 genannten Werten die rel. Lösungsviskosität zu $(\eta_{\mathrm{rel}})_{\mathrm{ber.}} = 2{,}041\ (\bar{P}_n = 109{,}7)$. Der experimentell ermittelte Wert beträgt $(\eta_{\mathrm{rel}})_{\mathrm{exp.}} = 2{,}054\ (\bar{P}_n = 111{,}2)$

Wir danken Frau I. *Leibnitz* und Frau *M. Jaeger* für experimentelle Mithilfe und Frau *M. Beduhm* für die Ausführung der viskosimetrischen Messungen.

Literatur

[1] *Majury, T. G.:* Amines and carboxylic acids as initiators of polymerization in caprolactam. J. Polymer Sci. **31** (1958) S. 383—397.
Doubravszky, S., und *Geleji, F.:* Über Probleme der kationischen Polymerisation des Caprolactams. I. Die Polymerisation mit Caprolactam-hydrochlorid. Makromol. Chemie **105** (1967) S. 261—276; vgl. auch *Burnett, G. M.*, *Hay, J. N.*, und *MacArthur, A. J.:* Polymerization of caprolactam. I. Initiation by amines. Soc. chem. Ind./London Monograph **20** (1966) S. 139 bis 156.

[2] *Becker, K.*, und *Sauerwald, F.:* Der Einfluß von Rührvorgängen sowie heterogener Strukturgestaltung bei der Polykondensation von Polyamiden. Faserforsch. u. Textiltechnik **16** (1965) S. 488—494.

[3] *Wiloth, F.:* Über den Mechanismus und die Kinetik der ε-Caprolactam-Polymerisation in Gegenwart von Wasser. 2. Mitt.: Über das Kondensationsgleichgewicht bei Polyamiden, eine Modelluntersuchung. Makromol. Chemie **15** (1955) S. 98—105.

[4] *Hermans, P. H.*, *Heikens, D.*, und *van Velden, P. F.:* On the mechanism of the polymerization of ε-caprolactam. II. The polymerization in the presence of water. J. Polymer Sci. **30** (1958) S. 81—104.

[5] *Wiloth, F.:* Über den Mechanismus und die Kinetik der ε-Caprolactam-Polymerisation in Gegenwart von Wasser. 13. Mitt.: Die Reaktionskonstanten der Endgruppenkondensation bei Poly-ε-Aminocapronsäure und bei Poly-7-Aminoheptansäure. Kolloid-Z. **160** (1958) S. 48 bis 57.

[6] *Reinisch, G.*, und *Dietrich, K.:* Über die Aussagesicherheit verschiedener Methoden zur Bestimmung der niedermolekularen Anteile von Polycaprolactam. 3. Mitteilung über „Analytik von Polycaprolactam". Faserforsch. u. Textiltechnik **19** (1968) 4, S. 149—154.

[7] *Wiloth, F.*, und *Dietrich, W.:* Über den Mechanismus und die Kinetik der ε-Caprolactampolymerisation in Gegenwart von Wasser. 9. Mitt.: Wasserdampfdrücke über Gleichgewichtsschmelzen des Systems Poly-ε-caprolactam-Wasser. Makromol. Chemie **21** (1956) S. 50—58.

[8] *Van Velden, P. F.*, *van der Want, G. M.*, *Heikens, D.*, *Kruissink, Ch. A.*, *Hermans, P. H.*, und *Staverman, A. J.:* Equilibria in polyamide systems from ε-caprolactam and water. Rec. trav. chim. Pays-Bas **74** (1955) S. 1376—1394.

[9] *Matthes, A.:* Grundlagen einer viskosimetrischen Polymerisationsgradbestimmung und gestaltliche Verhältnisse der Polyamide in Lösung. J. prakt. Chemie **162** (1943) S. 245—278.

[10] *Reinisch, G.:* unveröffentlicht.

[11] *Reinisch, G.*, und *Gohlke, U.:* Zur phosphorsäurekatalysierten Caprolactampolymerisation. Faserforsch. u. Textiltechnik **19** (1968) S. 87—89. Vortrag 1/04 Iupac Symposium on Macromolecular Chemistry. Budapest, August 1969.

[12] *Yumoto, H.*, und *Ogata, N.:* Studies on polymerization and depolymerization of ε-caprolactam polymer. III. On the reactions at the initial stage of the ε-caprolactam polymerization. Makromol. Chemie **25** (1957) S. 71 bis 90.

[13] *Schwartz, E.:* Kunststoff-Handbuch, Bd. VI, Polyamide, S. 20. München: Carl Hanser 1966.

Eingegangen am 18. April 1969

Faserforschung und Textiltechnik 20 (1969) Heft 10

Herstellung und Eigenschaften chlormodifizierter Acrylfasern

1. Mitt.: Modacrylfasern auf Basis binärer Acrylnitril/Vinylchlorid-Copolymerisate

Werner Berger[1]), *Waldemar Dohrn, Siegfried Hartig, Werner Peters und Hans Rudolf*
VEB Chemiefaserwerk „Friedrich Engels" Premnitz

DK 677.494.745.32–133.22:66.095.262.3:677.494.021.5:677.494.061

An kleintechnisch nach dem Emulsionsverfahren (Redoxsystem) hergestellten acetonlöslichen Acrylnitril/Vinylchlorid-Copolymerisaten wird über Zusammenhänge zwischen den Spinnbedingungen und Eigenschaften der erhaltenen Versuchsfasern berichtet.

Получение и свойства хлорсодержащих полиакрилонитрильных волокон. 1-е: Сообщ. Модакрильные волокна на основе бинарных сополимеров акрилонитрила и винилхлорида

Получены волокна из изготовленных в лабораторном масштабе (эмульсионная полимеризация в окислительно-восстановительной системе) растворимых в ацетоне сополимеров акрилонитрила и винилхлорида. Изучены зависимости между условиями формования и свойствами полученных волокон.

Preparation and Properties of Chlorine-modified Acrylic Fibres. 1st Comm.: Modacrylic Fibres from Acrylonitrile/Vinylchloride Copolymers

The relationship between spinning conditions and fibre properties were investigated with acetone-soluble acrylonitrile/vinylchloride copolymers obtained on small technical scale by the emulsion method (redox system).

1. *Einleitung*

Die zahlreichen gegenwärtig industriell hergestellten Polyacrylnitrilfaserstoffe sowie ihre verschiedenartigsten Sortimente zeigen vielfach noch verbesserungsbedürftige Eigenschaften, die rohstoff-, verfahrens- und verarbeitungstechnisch bedingt sind. Daher wird sich auch in Zukunft das Interesse auf eine zielgerichtete Modifizierung der Polyacrylnitrilfaserstoffe richten, um Faserstoffe für bestimmte Verwendungszwecke zu erhalten. Die vorgeschlagenen und angewandten Modifizierungsmöglichkeiten lassen sich grundsätzlich in chemische und physikalische Methoden unterteilen. Zu den ersteren zählen z. B. die verschiedenen Arten der Copolymerisation von Acrylnitril mit speziellen Comonomeren und gegebenenfalls chemische Umsetzungen an diesen Copolymeren oder den daraus ersponnenen Fäden, der Einsatz von Polymerlegierungen sowie die zielgerichtete chemische Nachbehandlung der Faserstoffe. Bei den physikalischen Methoden erfolgt die Modifizierung durch Variation der Spinn- und Nachbehandlungsbedingungen, d. h. durch Parameter, die den strukturellen Zustand des Fadens bei gleicher chemischer Zusammensetzung beeinflussen. Unter Berücksichtigung ökonomischer Gesichtspunkte und eines sich abzeichnenden Entwicklungstrends in Richtung nicht- oder schwerentflammbarer Faserstoffe interessierten uns die Herstellung und Eigenschaften von chlormodifizierten Acrylfaserstoffen. Unter Chlormodifizierung ist die Verwendung chlorhaltiger Comonomerer oder Polymerer im Sinne der oben genannten Modifizierungsmöglichkeiten zu verstehen.

Im vorliegenden Teil der Untersuchungen werden die Beziehungen zwischen den Spinnbedingungen und einigen Eigenschaften von Fasern auf Basis acetonlöslicher Acrylnitril/Vinylchlorid-Copolymerisate diskutiert.

Im Gegensatz zu den Polymeren und Copolymeren des Acrylnitrils bzw. Vinylchlorids mit mindestens 85 Masse% Acrylnitril- bzw. Vinylchloridanteil sind die erstmals von *Rugeley, Field* und *Fremon* [1] entwickelten Copolymeren der Zusammensetzung 60 ± 15% Vinylchlorid und 40 ± 15% Acrylnitril in Aceton löslich und aus dieser Lösung nach der Trocken- bzw. Naßspinntechnologie zu Chemiefaserstoffen verarbeitbar. Ihrer chemischen Konstitution entsprechend sind diese Typen als modifizierte Polyvinylchlorid- bzw. Polyacrylnitrilfasern (Modacrylic fibers) aufzufassen und nehmen folglich hinsichtlich ihrer chemischen, physikalischen und textilen Eigenschaften eine Mittelstellung zwischen den reinen Polyvinylchlorid- und Polyacrylnitrilfaserstoffen ein.

Während über den Spinnprozeß von Polyacrylnitril und den Einfluß der jeweiligen Parameter auf die Fasereigenschaften, insbesondere unter Verwendung von Dimethylformamid und Dimethylsulfoxid als Lösungsmittel, umfangreiche Literaturergebnisse bekannt sind, liegen für Modacrylfasern mit Vinylchlorid als modifizierendes Comonomeres nur wenige vergleichbare Fakten vor [2, 3].

Die Herstellung von Modacrylfasern und deren verfahrenstechnische Besonderheiten und Variationsmöglichkeiten wird jedoch von zahlreichen Patentschriften beansprucht [4].

2. *Versuchsmethodik*

Für alle Versuche verwendeten wir ein Vinylchlorid und Acrylnitril enthaltendes, binäres Copolymerisat (mittlerer Vinylchloridanteil 51,3 Masse%, das kleintechnisch nach dem Emulsionsverfahren mit Redoxsystem hergestellt worden war [5]. Das erhaltene Copolymerisat wurde aus Acetonlösung durch Zugabe von Aceton/Methanol-Gemischen unterschiedlicher Konzentration lösungsfraktioniert, und aus den analytischen Daten der einzelnen Fraktionen wurde nach [6] die chemische Uneinheitlichkeit ermittelt. Die durch Auftragen der prozentualen Summe der Mengen der Einzelfraktionen (I_n) gegen deren chemische Zusammensetzung resultierende Verteilungskurve ist in Bild 1 dargestellt. Die in 0,5%iger Lösung in Dimethylformamid bei 20 °C gefundene relative Viskosität betrug 1,66, der dilatometrisch nach *Ueberreiter* und *Klein* [7] am Polymerisat gefundene Umwandlungspunkt zweiter Art 92 °C ± 2 grd. Die Spinnlösungen wurden auf dem üblichen Wege durch Suspendieren des Copolymeren in Aceton bei 5 °C und anschließendes Lösen bei 35 bis 40 °C (3,5 h unter Rühren) hergestellt und unter Verwendung von Baumwollkalmuck in einer Laborfilterpresse filtriert. Das anschließende Erspinnen erfolgte in einer Laborspinnapparatur mit Tantaldüsen (120 Loch/0,09 mm Einzeldurchmesser) nach den in Tabelle 1 angegebenen Standardparametern. Die für die Unter-

[1]) Jetzt: Techn. Universität Dresden, Sektion Chemie.

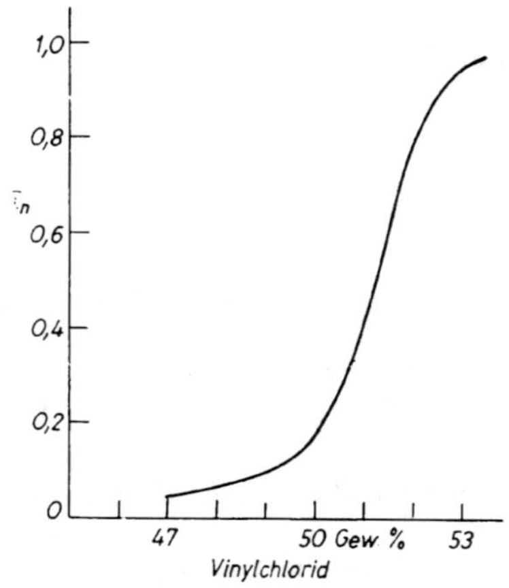

Bild 1. Chemische Verteilung des Copolymerisates

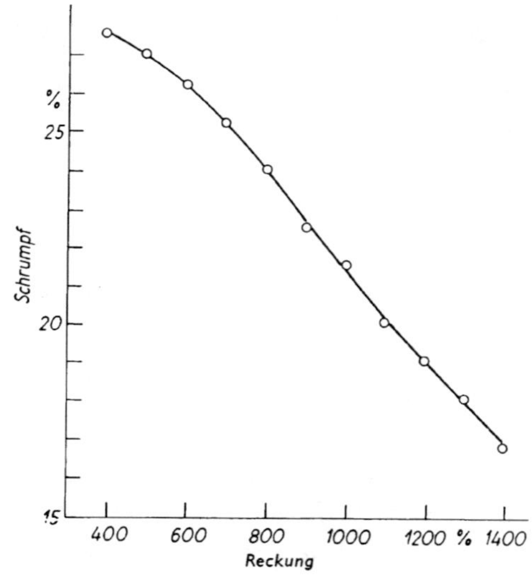

Bild 2. Abhängigkeit des Schrumpfes von der Gesamtreckung (Teilreckung 400% bei 60 °C)

suchung des Einflusses der Spinnbedingungen auf die textil-physikalischen Fasereigenschaften erforderliche Variation einzelner Prozeß- und Materialparameter, die von den in Tabelle 1 genannten abweichen, sind an den entsprechenden Stellen besonders hervorgehoben.

Die bei den einzelnen Spinnversuchen erhaltenen Fäden wurden spannungslos abgelegt, gewaschen, zu Fasern geschnitten und nach 24 h Trocknung bei 100 °C der textilphysikalischen Prüfung zugeführt. In einigen Fällen behandelten wir die frisch ersponnenen Fäden 30 min mit siedendem Wasser und stellten dieses geschrumpfte dem thermisch unbehandelten, nichtgeschrumpften Fasermaterial gegenüber. Die Ermittlung des Schrumpfes (Direktschrumpf) erfolgte durch Messung des Längenverlustes.

3. *Ergebnisse und Diskussion*

3.1. Einfluß der Spinnbedingungen auf das Schrumpfverhalten

Charakteristisch für alle kommerziellen Fasern aus Polyvinylchlorid, nachchloriertem Polyvinylchlorid und Copolymeren mit hoher Chlormonomeren-Konzentration ist der relativ hohe Kochschrumpf in Wasser, der nur durch spezielle Polymerisations-, Spinn- und Nachbehandlungsbedingungen vermindert werden kann. So ist die Untersuchung des Schrumpfverhaltens von industriell nach dem Trockenspinnverfahren hergestellten Fäden aus Acrylnitril/Vinylchlorid-Copolymeren und dessen Abhängigkeit von den Nachbehandlungsbedingungen Gegenstand mehrerer Publikationen [1, 8, 9]. In dem von uns untersuchten Reckbereich wurde ein nahezu linearer Abfall des Schrumpfes mit zunehmendem Reckgrad gefunden (Bild 2).

Durch die Reckung werden die kristallinen Bereiche ausgerichtet und die geknäuelten Kettenmoleküle der nichtkristallinen Bezirke teilweise entknäuelt und parallelisiert. Dieser entropieärmere, thermodynamisch instabilere Zustand geht durch Energiezufuhr (Wärme) in einen Zustand niederer Ordnung über. Dieser Vorgang äußert sich im Schrumpfen der Fäden. Die untere Grenze der für das Schrumpfen verantwortlichen effektiven Platzwechselvorgänge ist durch die Einfriertemperatur bzw. dem Umwandlungspunkt zweiter Art gegeben, für den in Abhängigkeit von den Spinnbedingungen Werte von 60 °C ± 4 grd (nach [10]) gefunden wurden.

Neben der Gesamtreckung beeinflußt auch die Temperatur des ersten Reckbades bei konstanter Teil- und Endreckung (Bild 3) den Direktschrumpf. Die mit dem

Tabelle 1. Standardparameter für die Spinnversuche

Spinnlösung	Temperatur: Feststoffgehalt:	36 °C ± 1 grd 20 ± 0,3%
Fällbad	Länge: Konzentration: Temperatur: Düsenabzug:	100 cm 6% Aceton in H_2O 20 °C ± 1 grd 5 m/min
Reckung	Länge: Temperatur: Teilreckung nach der 1. Stufe: Gesamtreckung nach der 2. Stufe	75 cm 98°C ± 1 grd 400% 1000%

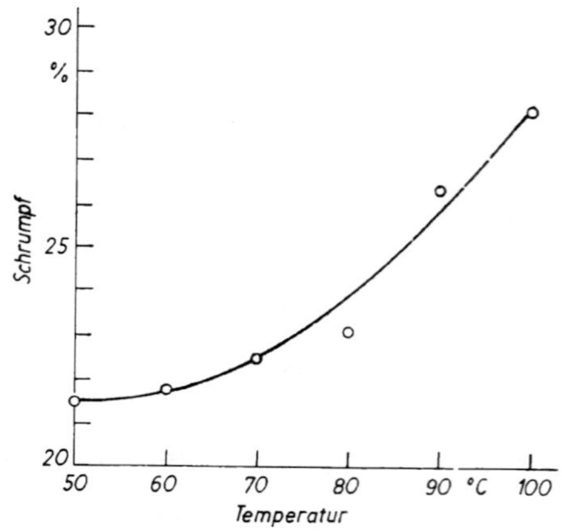

Bild 3. Abhängigkeit des Schrumpfes von der Temperatur des 1. Reckbades (Fällbad 6 °C)

Tabelle 2. Abhängigkeit des Schrumpfes von der Teilreckung
(Gesamtreckung 1200%)

Teilreckung [%]	Schrumpf [%]
300	29,6
600	26,2
800	24,0
1000	22,8

Reckprozeß verbundene Änderung der inneren Struktur durch Erhöhung der Kristallinität erklärt die geringere Tendenz der hochgereckten Fäden hinsichtlich der Schrumpfung in siedendem Wasser. Daraus folgt, daß die wesentlichen Orientierungsvorgänge bereits in der ersten Reckstufe erfolgen, während die zweite einen weit geringeren Einfluß auf die Ausbildung der Faserstruktur ausübt. Je höher also die im ersten Reckbad erfolgte Orientierung der Fäden ist, d. h., je größer das Reckverhältnis eingestellt wird, desto geringer ist der resultierende Faserschrumpf (Tabelle 2). Eine systematische Abhängigkeit des Schrumpfverhaltens von den übrigen Spinnparametern, wie Spinnlösungs- und Fällbadtemperatur, Fällbadkonzentration, Feinheit und Spinngeschwindigkeit bei gleichem Reckverhältnis konnte nicht nachgewiesen werden.

3.2. *Einfluß der Spinnbedingungen auf die textil-physikalischen Eigenschaften*

3.2.1. *Einfluß der Gesamtreckung*

Bild 4 zeigt die Abhängigkeit der Reißfestigkeit, Bruchdehnung und Torsionssprödigkeit (mit Angabe der Vertrauensbereiche) vom Reckgrad, wobei gleichzeitig die Werte für nichtgeschrumpftes und direktgeschrumpftes Fasermaterial gegenübergestellt sind.

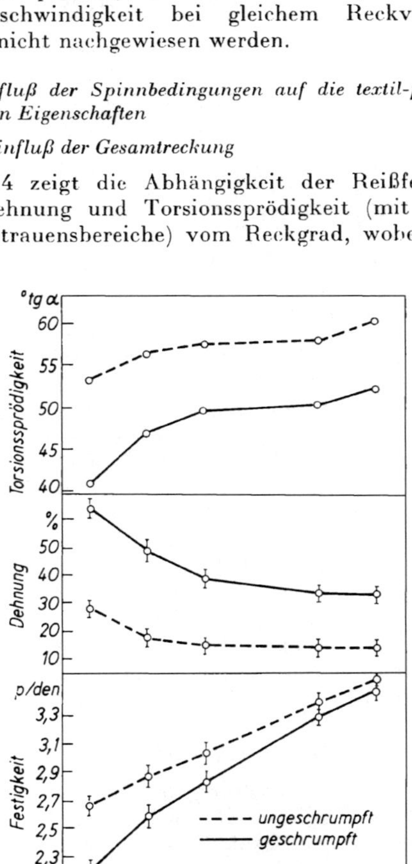

Bild 4. Abhängigkeit der textilphysikalischen Eigenschaften der nicht- und geschrumpften Fäden von der Gesamtreckung (1. Reckbad 60 °C)

Die für die Ermittlung der Torsionssprödigkeit erforderliche Dichtebestimmung erfolgte nach der Schwebemethode durch Konzentrationsvariation zweier Flüssigkeiten unterschiedlicher Dichte (Methylchlorid und Tetrachlorkohlenstoff). Wie auch bei anderen faserbildenden Polymeren resultiert aus dem steigenden Reckgrad eine Erhöhung der Kristallinität und demzufolge auch eine höhere Festigkeit, während die Dehnung der Fäden abnimmt. Dieser vom Reckverhältnis abhängige Strukturzustand der Fäden kommt auch in dem interferometrisch in Anlehnung an [11] ermittelten Phenolsorptionsverhalten zum Ausdruck. Die Abnahme des Sorptionsvermögens mit steigender Reckung von nicht- und geschrumpften Fäden (15 min, 105 °C, H_2O-Dampf) zeigt Tabelle 3. Die durch den Schrumpfprozeß verursachte „Verdichtung" der Faserstruktur bedingt deren geringere Sorptionsfähigkeit. Die röntgenographisch[2]) untersuchte Abhängigkeit der Orientierung vom Reckgrad von nicht- und geschrumpftem Fasermaterial zeigt, daß bei der Schrumpfbehandlung sowohl eine Vergrößerung der Packungsdichte der Moleküle als auch eine starke Desorientierung parallel verlaufen (Tabelle 4).

Wie noch zu diskutieren sein wird, bewirkt die Schrumpfbehandlung eine Erhöhung der Bruchdehnung um über 100% sowie eine Abnahme der Reißfestigkeit und Torsionssprödigkeit (Bild 4).

Dem zweiten Reckbad zugesetzte kapillaraktive Hilfsstoffe unterschiedlicher Art und Konzentration zeigten keinen nachweisbaren Einfluß auf die Reckbarkeit der Fäden, wie von *Geleji* und *Holly* [3] an Fäden ähnlicher chemischer Zusammensetzung gefunden wurde.

[2]) Für die Röntgenuntersuchungen danken wir Herrn Dr. H. Henkel, Abt. Faserphysik des Institutes für Textiltechnologie der Chemiefasern, Rudolstadt.

Tabelle 3. Einfluß des Reckgrades auf das Sorptionsvermögen
(Aufnahmetemp. 50 °C, Meßtemp. 20 °C, Phenolkonzentr. 4%)

Reckung [%]	Phenol auf der Faser [mg/g] nichtgeschrumpft	geschrumpft
500	21,1	19,8
700	20,8	19,4
900	19,2	18,9
1100	18,8	18,0

Tabelle 4. Einfluß der Reckung auf die azimutalen Halbwertsbreiten

Reckung %	Azimutale Halbwertsbreite [°] nichtgeschrumpft	geschrumpft
500	16,8	22,0
700	14,5	20,3
900	13,0	20,5
1100	12,6	20,5
1300	12,1	20,8

3.2.2. Einfluß der Spinnlösungskonzentration und -temperatur

Bei diesen Untersuchungen erfolgte die Einstellung der Spinnpumpendrehzahl so, daß pro Zeiteinheit gleiche Feststoffmengen gefördert wurden und eine annähernd gleiche Spinnfeinheit entstand (Tabelle 5). Mit steigender Konzentration erhöht sich sowohl die Reißfestigkeit als auch die Sprödigkeit der ersponnenen Fäden und steht mit den in Hexantriol-Fällbädern für Rein-PVY-Lösungen von *Gröbe* [12] gefundenen Ergebnissen im Einklang. Auch PVC-Spinnlösungen unterschiedlicher Polymerkonzentration (Lösungsmittel: DMF) zeigen diesen Trend [13]. Die Variation der Spinnlösungstemperatur ließ bei den angewandten Fäll- und Reckbedingungen keine direkte Beeinflussung der textilen Fasereigenschaften erkennen.

3.2.3. Einfluß der Fällbadtemperatur

Aus Bild 5 ist ersichtlich, daß mit zunehmender Fällbadtemperatur eine Abnahme der Reißfestigkeit zu verzeichnen ist. Offensichtlich führt die Temperaturerhöhung zu einem Anstieg des Fällmittelanteils an der Fadenzusammensetzung, was eine Abnahme des Polymergehaltes im frisch ersponnenen Faden zur Folge haben kann. Die daraus resultierende Auflockerung der Faserstruktur führt schließlich in Übereinstimmung mit Tabelle 5 zu einer Abnahme der Reißfestigkeit. Die durch Änderung der Fällbadtemperatur und Spinnlösungskonzentration verursachte Beeinflussung der im Fällbad stattfindenden Diffusionsprozesse und deren Einfluß auf die textil-physikalischen Eigenschaften der ersponnenen Fäden wurden in Untersuchungen über den Fadenbildungsmechanismus beim Naßspinnen von Polyvinylchlorid und Polyacrylnitril ausführlich diskutiert [2, 12, 13, 14, 15, 16, 17] und sind ohne wesentliche Einschränkungen auf das hier vorliegende Copolymerisat übertragbar.

Zu berücksichtigen ist jedoch, daß bei den aus Acetonlösungen ersponnenen Modacrylfasern auf Grund der angewandten Fällbadkonzentrationen die Diffusion des Wassers aus dem Fällbad in den sich bildenden Faden wesentlich schneller erfolgt als bei dem Erspinnen von Polyacrylnitrilfäden aus Dimethylformamidlösung. Die Problematik des unterschiedlichen Koagulationsverlaufes bei Verwendung von Aceton und Dimethylformamid als Lösungsmittel ist von *Geller* u. a. [18] am Beispiel des Erspinnens von Fäden aus nachchloriertem Polyvinylchlorid untersucht worden.

Tabelle 5. Einfluß der Spinnlösungskonzentration und -temperatur auf die Fasereigenschaften

Konzentration [%]	Temperatur [°C]	Feinheit [den]	Reißfestigkeit [p/den]	Dehnung [%]	Torsionssprödigkeit [°tg]
14,8	20	1,59	2,31	13,8	51,0
16,5	20	1,76	3,01	16,0	54,5
20,2	20	1,69	3,24	16,0	58,1
22,0	20	1,71	3,58	14,7	59,8
20	21	2,09	3,38	15,6	58,2
20	27	1,75	3,29	17,2	56,0
20	36	1,81	3,31	15,9	57,2
20	42	2,16	3,26	16,4	56,5

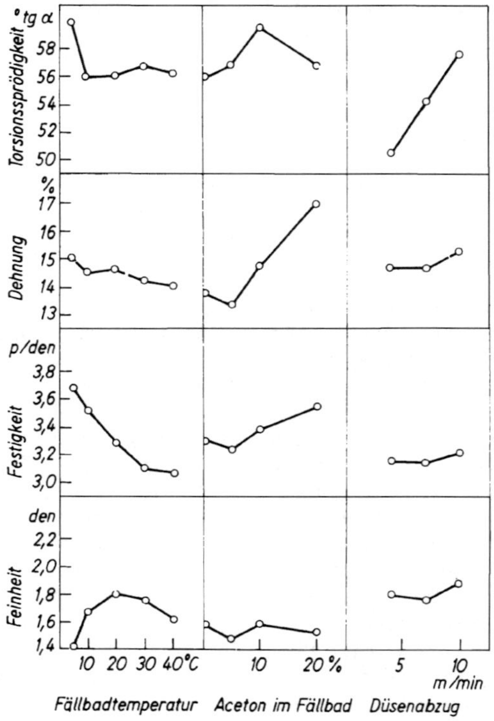

Bild 5. Abhängigkeit der textil-physikalischen Eigenschaften der nichtgeschrumpften Fäden von den Koagulationsbedingungen

3.2.4. Einfluß der Fällbadkonzentration

Mit steigender Lösungsmittelkonzentration im Fällbad nehmen Reißfestigkeit und Bruchdehnung leicht zu (Bild 5). Dieser Befund stimmt mit den Ergebnissen *Knudsens* [19] beim Erspinnen von Polyacrylnitrilfäden aus Dimethylacetamid-Lösungen überein, denen zufolge die Änderung der Fällbadtemperatur einen stärkeren Einfluß auf die Struktur und Eigenschaften der Fasern ausübt als eine Veränderung der Lösungsmittelkonzentration im Fällbad. *Hersh* u. Mitarb. [2] fanden jedoch beim Naßspinnen von Modacrylfasern aus Acetonitril-Lösungen (Fällbad: Wasser/Acetonitril), daß neben der Fällbadlänge und -konzentration auch die Temperatur ohne Einfluß auf die mechanischen Fasereigenschaften ist.

3.2.5. Einfluß der Düsenabzugsgeschwindigkeit

Die unter Konstanthaltung des Teil- und Gesamtreckverhältnisses variierte Düsenabzugsgeschwindigkeit ist ohne eindeutigen Einfluß auf Reißfestigkeit und Bruchdehnung; die Torsionssprödigkeit steigt linear mit der Abzugsgeschwindigkeit an (Bild 5).

3.2.6. Einfluß der Temperatur des ersten Reckbades

Durch Erhöhung der Temperatur im ersten Reckbad steigen sowohl die Torsionssprödigkeit als auch der

Tabelle 6. Einfluß der Temperatur des ersten Reckbades auf die Fasereigenschaften
(Fällbad 6 °C)

Temperatur [°C]	Feinheit [den]	Reißfestigkeit [p/den]	Dehnung [%]	Torsionssprödigkeit [°tg]
50	1,45	3,35	14,9	50,6
60	1,45	3,47	14,9	53,9
70	1,60	3,27	14,0	57,1
80	1,41	3,49	15,1	58,9
90	1,48	3,40	14,8	58,8
98	1,45	3,44	14,5	61,3

Schrumpf der ersponnenen Fäden (Tabelle 6 und Bild 3); Reißfestigkeit und Bruchdehnung werden nicht beeinflußt.

3.3. Einfluß der Nachbehandlungsbedingungen auf die textilphysikalischen Eigenschaften

Auf die Abhängigkeit des Schrumpfes von den Spinnbedingungen, insbesondere vom Reckverhältnis (Bild 2) und der Recktemperatur (Bild 3) wurde bereits hingewiesen. Von grundsätzlicher Bedeutung für das Schrumpfverhalten der Fäden ist jedoch die Art und Weise ihrer thermischen Nachbehandlung und die daraus resultierenden Veränderungen der textil-physikalischen Eigenschaften. Unter dem Aspekt der Herstellung kochbeständiger Modacrylfasern verdienen derartige Untersuchungen besondere Beachtung und sind an analogen chlormodifizierten Acrylfasern [1, 8, 9, 20] ebenso wie an reinen Polyvinylchloridfasern [21 bis 24] eingehend studiert worden.

In Bild 6 ist der Einfluß einer spannungslosen Trokkenhitzebehandlung auf die Eigenschaften (Feinheit,

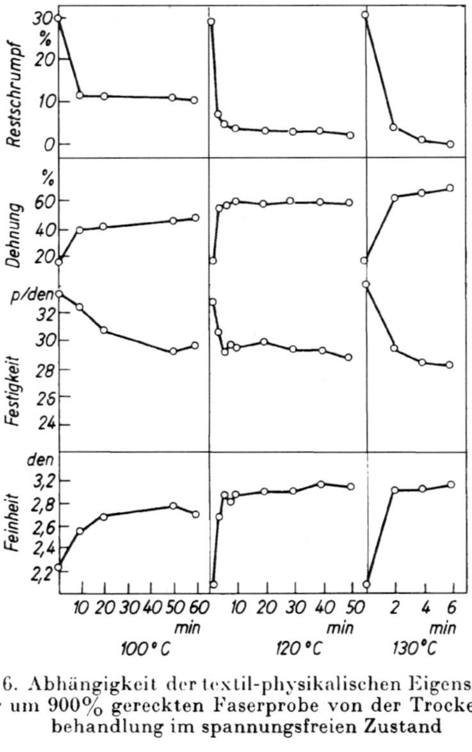

Bild 6. Abhängigkeit der textil-physikalischen Eigenschaften einer um 900% gereckten Faserprobe von der Trockenhitzebehandlung im spannungsfreien Zustand

Tabelle 7. Trockenhitzebehandlung einer 1100% gereckten Faser bei 130 °C ohne Spannung

Behandlungszeit [min]	Feinheit [den]	Festigkeit [p/den]	Dehnung [%]	Restschrumpf [%]
0	2,42	3,58	15,8	33,3
1	3,17	3,22	43,5	2,5
2	3,41	3,11	44,4	0
4	3,39	3,05	44,6	0
6	3,48	3,09	46,2	0

Reißfestigkeit, Bruchdehnung, Restschrumpf) um 900% gereckter Fäden aufgetragen. Für diese Untersuchungen wurden die luftgetrockneten Fäden verschiedenen Behandlungszeiten und -temperaturen unterworfen und anschließend die textilen Werte und der Restschrumpf ($^1/_2$ h Behandlung in siedendem Wasser) ermittelt. Gemäß Bild 6 werden durch die thermische Behandlung die Fäden schrumpfen, was eine Erhöhung der Feinheit und eine Abnahme der Reißfestigkeit zur Folge hat. Die Bruchdehnung steigt beträchtlich, um mehr als das Doppelte, an. Bei einer Temperatur von 120 °C sind nach 10 min Behandlungszeit keine wesentlichen Veränderungen der Eigenschaften mehr festzustellen. Durch geeignete Wahl des Reckverhältnisses sind gleichzeitig Bruchdehnung und Restschrumpf in weiten Grenzen variierbar. Die Eigenschaften eines um 1100% gereckten Faserkabels in Abhängigkeit von einer Trokkenhitzebehandlung bei 130 °C sind in Tabelle 7 zusammengefaßt.

Über die thermische und chemische Beständigkeit dieser Fäden soll zu einem späteren Zeitpunkt berichtet werden.

Für die gewissenschafte Durchführung der experimentellen Untersuchungen danken wir Frl. *E. Coliasch* und Herrn *G. Kreitling*.

Literatur

[1] *Rugeley, E. W., Feild, T. A.,* und *Fremon, G. H.:* Vinyon N resin and fibers. Ind. engng. Chem. **40** (1948) S. 1724—1731.

[2] *Hersh, S. P., Higgins, T. D.,* und *Krause, H. W.:* The influence of processing variables on the physical properties of a wet-spun modacrylic fiber. J. appl. Polymer Sci. **7** (1963) S. 411—442.

[3] *Geleji, F.,* und *Holly, Z.:* Herstellung und Untersuchung von Acrylnitril-Vinylchlorid-Mischpolymerisaten. Faserforsch. u. Textiltechnik **13** (1962) S. 437—442.

[4] USP 2420565, GBP 587403; GBP 584066; GBP 782061; FrP 1134887 u. a.

[5] *Berger, W., Hartig, S.,* und *Rudolf, H.:* Verfahren zur Verbesserung der Anfärbbarkeit von aus acetonlöslichen acrylnitrilhaltigen Emulsionscopolymerisaten hergestellten Fäden, Fasern und dgl. DWP 45280, A. 3. 5. 65.

[6] *Cantow, H.-J.,* und *Fuchs, O.:* Zur zahlenmäßigen Beschreibung der chemischen und der konfigurativen Uneinheitlichkeit von makromolekularen Stoffen. Makromol. Chemie **83** (1965) S. 244—257.

[7] *Ueberreiter, K.,* und *Klein, K.:* Das Dilatometer als Hilfsmittel der Kunststofforschung. Chemie-Ing.-Technik **15** (1942) S. 5—8.

[8] *Hall, A. J.:* Behind the scenes with the new "Vinyon N" fibers. Silk and Rayon (1949) S. 118—129.

[9] *Glenn, R. D., Kernan, J. R.,* und *Swalm, J. M.:* Development plant for Vinyon-N-yarn. Chem. engng. Progress **45** (1949) S. 180—187.

[10] *Weiß, W.*, und *Kühn, H. U.*: Zum thermischen Verhalten von Polyacrylnitril-Faserstoffen. Mitt. Inst. Textiltechnol. Chemiefasern, Rudolstadt **7** (1963) S. 132 bis 137.

[11] *Wünsch, E.*, und *Hoffrichter, S.*: Zur Phenolaufnahme von Polyesterfaserstoffen. Mitt. Inst. Textiltechnol. Chemiefasern, Rudolstadt **7** (1964) S. 138—146.

[12] *Gröbe, V.*: Untersuchungen über den Einfluß des Fällmittels auf die Fadenbildung beim Naßspinnen von Polyacrylnitril. Teil II: Versuche im kleintechnischen Maßstab. XXV. Mitt. über Acrylfasern. Faserforsch. u. Textiltechnik **11** (1960) S. 53—62.

[13] *Fichman, V. D., Aš, M. A.*, und *Pakšver, A. B.*: Einfluß der Konzentration der Lösungen und der Temperatur des Fällbades auf die Eigenschaften von Polyvinylchloridfäden. Chim. Volokna (Chem. Fasern) (1966) 1, S. 11—14; dt. in: Sowj. Beitr. Faserforsch. Textiltechnik **3** (1966) 5, S. 238—242.

[14] *Gröbe, V., Sandner, H.*, und *Reichert, H.*: Untersuchungen über den Fadenbildungsmechanismus beim Naßspinnen von Polyacrylnitril. Faserforsch. u. Textiltechnik **14** (1963) S. 91—96.

[15] *Gröbe, V.*, und *Meyer, K.*: Untersuchungen über den Einfluß des Fällmittels auf die Fadenbildung beim Naßspinnen von Polyacrylnitril. Faserforsch. u. Textiltechnik **10** (1959) S. 214—224.

[16] *Craig, J. P., Knudsen, J. P.*, und *Holland, V. F.*: Characterization of acrylic fiber structure. Textile Res. J. **32** (1963) S. 435—448.

[17] *Fichman, V. D., Aš, M. A., Vorob'ev, E. A.*, und *Pakšver, A. B.*: Mechanismus der Erspinnung von Polyvinylchloridfaserstoff. Chim. Volokna (Chem. Fasern) (1965) 1, S. 28—34; dt. in: Sowj. Beitr. Faserforsch. Textiltechnik **2** (1965) 6, S. 286—295.

[18] *Geller, B. E., Kamalov, S.*, und *Dautova, F. M.*: Untersuchung der Koagulationsvorgänge beim Erspinnen von Fasern mit Kohlenstoffkette. 2. Mitteilung. Chim. Volokna (Chem. Fasern) (1963) 5, S. 5—9.

[19] *Knudsen, J. P.*: The Influence of coagulation variables on the structure and physical properties of an acrylic fiber. Textile Res. J. **33** (1963) S. 13—20.

[20] *Okamura, I.*: Studies on the acrylic fiber. II. On the heat-treatment of acrylonitrile/vinylidene chloride copolymer fiber. III. On the mechanism of drawing of acrylonitrile/vinylidene copolymer fibres. J. Soc. Textile Cellulose Ind., Japan **14** (1958) S. 133—141.

[21] *Fichman, V. D., Alekseeva, V. M.*, und *Pakšver, A. B.*: Einfluß einer thermischen Nachbehandlung auf die Eigenschaften von PVC-Faserstoff. Chim. Volokna (Chem. Fasern) (1965) 2, S. 12—15.

[22] *Yoshida, T.*: Production of PVC-fiber. J. Soc. Textile Cellulose Ind., Japan **11** (1955) S. 230—235; 449—459; 537—541.

[23] *Imoto, T.*, und *Nakai, Y.*: Studies on polyvinylchloride. XXVIII. Specific gravity and crystallinity of PVC-fiber; XXIX. Maximum point in shrinkage curve of PVC-fiber. J. Soc. Textile Cellulose Ind. Japan. **13** (1957) S. 808—816.

[24] *Imoto, T.*: Studies on PVC-fibers. J. Soc. Textile Cellulose Ind., Japan **11** (1955) S. 440—449.

Eingegangen am 8. Mai 1969

Rheologische Untersuchungen an konzentrierten wäßrigen Lösungen von Polyvinylalkohol

Zenon Joffe und Tadeusz Rosner

Institut für Polymere der Technischen Hochschule Szczecin, VR Polen

DK 678.744.72:539.389:532.13:532.51:541.182.644

Auf Grund durchgeführter Messungen des Relaxationszeitspektrums von konzentrierten 14%igen Polyvinylalkohol(PVA)-Lösungen und daraus berechneter Werte des effektiven Viskositätskoeffizienten, wurden Überlegungen über den Strömungsmechanismus der konzentrierten PVA-Lösungen unter Bildung einer Gelstruktur angestellt.

Реологические исследования концентрированных водных растворов поливинилового спирта

Сняты релаксационные спектра концентрированных 14%-ных растворов поливинилового спирта и вычислены значения коэффициента эффективной вязкости. На основании полученных данных обсужден механизм течения концентрированных ПВС-растворов в условиях застудневания.

Rheological Investigations of Concentrated Aqueous Solutions of Polyvinyl Alcohol

Measurements of relaxation spectrum of a 14% solutions of polyvinyl alcohol (PVA) were performed, and basing on these calculations the effective coefficient of monomeric viscosity for the PVA concentration solutions, was presented. The problem of mechanism of flowing in reference to PVA concentration solutions in conditions of increasing a gel structure was also considered.

1. *Einleitung*

Rheologische Untersuchungen der wäßrigen Polyvinylalkohol-Lösungen (PVA) [1, 2, 3] brachten im Fließvorgang eine Reihe interessanter Eigenschaften dieser Lösungen im Konzentrationsbereich zwischen 3 bis 6 Masse% zum Vorschein, und zwar: das nicht-*Newton*sche Fließverhalten bei niedrigen Schergeschwindigkeiten, eine bedeutende Alterung der Lösungen mit der Zeit, die Korrelation zwischen dem nicht-*Newton*schen Fließverhalten und dem anisotropen Charakter der optischen Eigenschaften der Lösungen (Strömungsdoppelbrechung). Es wurden auch Versuche durchgeführt, die das Vorhandensein der Solvathüllen und den Wert der Aktivierungsenergie für den Fließvorgang (E_n) als Funktion der Konzentration und der Schergeschwindigkeit (D) betreffen [2].

Auch die rheologischen Eigenschaften der PVA-Lösungen im Konzentrationsbereich 10 bis 20 Masse% wurden ausführlich untersucht [4, 5, 6]. In diesen Arbeiten wurde die Abhängigkeit der Viskosität von der Konzentration, der rel. Molekülmasse des Polymeren und der Temperatur bestimmt [38]. Sehr eingehend wurden die rheologischen Eigenschaften der PVA-Lösungen mit Konzentrationen von 12 bis 17 Masse% untersucht [7]. Es wurden hier solche Eigenschaften wie die Abhängigkeit der Viskosität von der Konzentration und Frequenz (Schergeschwindigkeit), wie auch die Aktivierungsenergie der Relaxation in der Lösung, des Relaxationszeitspektrums als Funktion der rel. Molekülmasse des Polymeren und andere viskoelastische Eigenschaften des Systems bestimmt. Die Verfasser der betreffenden Arbeit [7] untersuchten auch die Übereinstimmung der experimentellen Daten mit den theoretischen Fließmodellen der Makromoleküle nach *Bueche* [8] und *Rouse* [9]. Sie stellten fest, daß die Divergenzen zwischen diesen Daten mit der Erhöhung der Lösungskonzentration steigen, was zu der Schlußfolgerung führt, daß die innere Reibung der konzentrierten PVA-Lösungen einen größeren Wert annimmt, als sich aus der Molekulartheorie ergibt. Wahrscheinlich sind die Makromolekülsegmente infolge stärkerer Wechselwirkung der Ketten dichter gepackt als man es nach der Konzentration und der rel. Molekülmasse erwarten könnte.

Entsprechend dem Modell eines Polymeren als ein in der Lösung vorhandenes elastisches Molekülknäuel, das völlig von dem Lösungsmittel durchspült wird, kann nach *Rouse* [9] geschlossen werden, daß beim Fließen ein Ansteigen des Fließwiderstandes vor allem an den Verknüpfungsstellen auftreten wird. Der Viskositätskoeffizient f_0 eines Einzelsegments wird proportional der Anzahl der Monomeren im Segment q und dem Viskositätskoeffizienten der Monomereinheit ξ_0 sein:

$$f_0 = q \cdot \xi_0. \tag{1}$$

Der Gesamtwert für das ganze System besteht aus Fließwiderstandsanteilen aller Verknüpfungsstellen.

In hochkonzentrierten PVA-Lösungen, bei denen die Wechselwirkungskräfte eine Rolle spielen, kann die Art der Bewegungen beim Fließen mit einiger Annäherung gleich der eines isolierten Makromoleküls angesehen werden. Das Bild wird hier etwas kompliziert durch eine Zeitverschiebung der Fließwiderstände, die mit der Verteilung der Verschlaufungen entlang der Hauptkette zusammenhängt. Um über die oben beschriebenen Vorgänge eine bessere Übersicht zu erhalten, ist es zweckmäßig, das Relaxationszeitspektrum als Funktion des Fließwiderstandes darzustellen [9, 10]:

$$H = nkT \sum_{p=1}^{N} \tau_p \cdot \delta(\tau - \tau_p). \tag{2}$$

Der Ausdruck für die Relaxationszeit kann nach einigen Vereinfachungen folgende Form annehmen:

$$\tau_p = \frac{a^2 Z^2 \xi_0}{6\pi p^2 kT}; \tag{3}$$

wobei

n = Anzahl der Moleküle in 1 cm³,
k = *Boltzmann*-Konstante [erg/°K],
T = Temperatur [°K],
δ = *Dirac*-Funktion,
a = Konstante, die einer bestimmten Geometrie des Makromoleküls in der Lösung zugehört,
Z = Polymerisationsgrad.

Vom *Debye*schen Molekülmodell ausgehend, wurde von *Bueche* [8] das Fließverhalten einiger nicht-*Newton*scher PVA-Lösungen untersucht, d. h., er betrachtete die poröse Gerüststruktur aus verknäuelten Makromolekülketten in der Lösung, als ob jedes Segment mittels einer Feder mit dem Massemittelpunkt verbunden wäre und beim Fließen Translations- und Rotationsbewegungen ausführen könnte. Bei einem Platzwechselprozeß, der dem Fließen zugrunde liegt, rotiert das Makromolekül um seine Schwerkraftachse, und die dabei entsprechenden Kettenschwingungen zeigen eine Zeitfrequenz, die der Translationsgeschwindigkeit entspricht.

Die Berechnung der Energieverluste, die mit der Bewegungsart des Molekülmodells verbunden sind, erlaubte *Bueche* die Beziehungen zwischen τ und $\eta - \eta_0$, $\eta_p - \eta_0/\eta - \eta_0$ sowie τ und der Schergeschwindigkeit D zu formulieren, wobei

η_p = Viskosität der Lösung [cP],
η_0 = Viskosität des Lösungsmittels [cP] und
η = Viskosität der Lösung bei $D = 0$ [cP] ist.

Die Berechnungen zeigen, wie von *Bueche* [8] festgestellt wurde, gute Übereinstimmung mit denen von *Rouse* [9]. In ihren theoretischen Erwägungen gibt es lediglich Definitionsunterschiede, die das Makromolekülmodell und seine Bewegungen beim Fließen sowie auch die Berechnungsmethoden betreffen; z. B. verwendet *Rouse* den Begriff: Viskositätskoeffizient der Monomereinheit ξ_0, *Bueche* entsprechende Viskositätsdifferenzen $\eta_p - \eta_0$ und $\eta - \eta_0$.

Das Relaxationszeitspektrum kann mittels einer Gruppe parallel verbundener *Maxwell*-Modelle (Feder, Dämpfung) beschrieben werden. Jedes Modell zeigt die Relaxationszeit des Einzelelementes $\tau_i = \eta_i/G_i$, die Summe aller Modelle das Relaxationszeitspektrum [20]

$$G(t) = \sum_{i=1}^{n} G_i e^{-t/\tau}, \tag{4}$$

wobei

$G(t)$ = Spannungsmodul der Relaxationszeit [dyn/cm²],
t = Zeit [s],
G_i = Spannungsmodul der Einzelfeder [dyn/cm²] ist.

Bei einer unendlich großen Zahl von *Maxwell*-Elementen wird ein kontinuierliches Relaxationszeitspektrum erhalten:

$$G(t) = G_e + \int_{-\infty}^{+\infty} H e^{-t/\tau} \, d \ln \tau, \tag{5}$$

wobei

G_e = Konstante für Linearpolymere und
H = Relaxationszeitspektrum [dyn/cm²] bedeuten.

Wie aus der Gleichung (5) zu sehen ist, kann die Auswertung des kontinuierlichen Relaxationszeitspektrums unter anderem auch mit Hilfe der Bestimmung des Relaxationsspannungsmoduls erfolgen. Die Kurve $H = f(\tau)$ für elastische Linearpolymere zeigt für verschiedene Relaxationszeiten einen charakteristischen Verlauf. Im ganzen experimentell meßbaren Zeitbereich können folgende aus Bild 1 ersichtliche drei Kurvenabschnitte auftreten (im log-System) [10]:

Der Übergangsbereich (für kleinste τ-Werte) umfaßt alle Konformationsumwandlungen der Monomerkettenglieder über die ganze Kettenlänge. Die Neigung in diesem Bereich beträgt $-1/2$ und bestimmt den theoretischen Wert des Viskositätskoeffizienten der Monomereinheit wie folgt [10]:

$$H = \frac{a \cdot N_0 \cdot \varrho}{2\pi M_0} \left(\frac{\xi_0 kT}{6}\right)^{1/2} \tau^{-1/2}. \tag{6}$$

wobei

ϱ = Polymerdichte [g/cm³].

Der Endbereich (die größten τ-Werte) beschreibt das System rheologisch in Abhängigkeit von der mittleren rel. Molekülmasse, der Polydispersität der rel. Molekülmasse und der Kettenverzweigung. Dieser Bereich betrifft also die Molekül- bzw. Molekülgruppenbewegungen in beinahe vollkommener Kettengliederkonfiguration für das beschriebene System.

Oft treten im mittleren Bereich Funktionsmaxima auf, mit denen reversible Raumgittererscheinungen bei Hochpolymeren infolge der Kraftwirkung zweiter Ordnung (zwischen den Kettengliedern) verbunden sind.

Laut *Rouse* könnten also die Fließwiderstände sowohl in konzentrierten als auch in verdünnten PVA-Lösungen derselben Art sein. Im ersten Fall werden sie selbstverständlich größer sein (langsame Glieder- und Verknüpfungspunktbewegungen), entsprechend der Verknüpfungsstellenzahl in der Volumeneinheit. Der Einfluß der Konzentration auf die Relaxationszeit ist bei niedermolekularen Polymeren durch die Viskosität als Funktion der Lösungskonzentration, bei Hochpolymeren durch ξ_0 als Funktion derselben ausgedrückt.

Der Viskositätskoeffizient der Monomereinheit ξ_0 hat bekanntlich keinen konstanten Wert und wächst mit der rel. Molekülmasse des Polymeren [10]. Wahrscheinlich wird dabei der Einfluß der freien Kettenenden kleiner. Bei sehr hohen rel. Molekülmassen, bei denen die Kettenenden praktisch keine Wirkung auf die Innenglieder ausüben können, wird ξ_0 konstant.

Unter diesen Bedingungen entstehen außerdem Zwischenkettenhaftpunkte, die die eleastisch-viskosen Eigenschaften sehr beeinflussen und dazu beitragen, daß ξ_0 bei hohen rel. Molekülmassen konstant bleibt (siehe Bild 1, Kurvenverlauf $H = f(\tau)$ im mittleren Bereich).

Die Untersuchungen über die Abhängigkeit der Viskosität der rel. Molekülmasse [10, 12] zeigen, daß ein Übergang von losen Makromolekülgliederbewegungen zu einer geordneten Raumgitterstruktur bei einem kritischen Wert M, der der Relation $\eta \sim M^{3,4}$ entspricht, möglich ist. Unter der Voraussetzung, daß $M > 2M_e$ (M_e = mittlere rel. Molekülmasse der Kettenlänge zwischen zwei Verknüpfungspunkten) ist, fallen auf ein Makromolekül durchschnittlich mehr als zwei Haftpunkte. Es wird also im ganzen System die Gelstruktur erhalten [13].

Ein wesentlicher Parameter, der das Fließverhalten eines solchen Polymeren und seiner Lösung bestimmt, und zwar sowohl die Wechselwirkung der einzelnen Makromolekülsegmente wie auch ihren Verknüpfungsgrad [9, 10], ist die auf die Monomereinheit bezogene Viskosität ξ_0.

Natürlich kann man die Werte der Viskosität der Monomereinheit ξ_0 nur für lineare Polymere (und ihre Lösungen) bestimmen, die keine Raumgitter bilden (mit verschiedener Haltbarkeit). Die Systeme, die in gewissem Grade vernetzt sind oder eine Raumstruktur mit reversiblen Charakter aufweisen, sollte man als Systeme betrachten, bei denen die Makromolekular-Segmente ein Raumgitter bilden. Für solche Systeme kommt nicht der Wert ξ_0, sondern ein effektiver Wert $Q_e \xi_0$ in Frage. Der Koeffizient Q_e ist von der mittleren Anzahl der Haftpunkte in den Makromolekülen abhängig, und das Produkt $Q_e\, \xi_0$ stellt den effektiven Reibungskoeffizient für derartige Bewegungen in den Makromolekülen dar, die aus mehr oder weniger haltbaren Raumgittern bestehen [11].

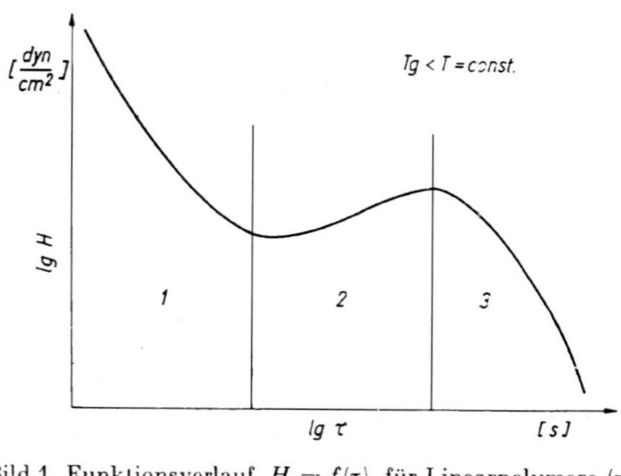

Bild 1. Funktionsverlauf $H = f(\tau)$ für Linearpolymere (mit genügend großer rel. Molekülmasse)
1. Übergangsbereich
2. Mittlerer Bereich
3. Endbereich

Die Viskosität eines solchen Systems mit Raumgitter unter Berücksichtigung des effektiven Viskositätskoeffizienten der Monomereinheit unter isothermischen Bedingungen, kann man nach [9, 10] als

$$\eta = \frac{\varrho N_0 a^2 \; M Q_e \xi_0}{36 \cdot M_0{}^2} \tag{7}$$

darstellen, wobei

ϱ = Dichte des Polymeren [g/cm³]
N_0 = *Avogadro*sche Zahl,
a = $(\overline{h_0^2})^{1/2}/(\overline{\mathrm{DP}})^{1/2}$,
$(\overline{h_0^2})$ = mittleres Quadrat des Kettenendenabstands eines Makromolekül,
$\overline{\mathrm{DP}}$ = mittlerer Polymerisationsgrad,
M = rel. Molekülmasse des Polymeren,
M_0 = rel. Molekülmasse der Monomereinheit.

Da der Koeffizient Q_e von der Zahl der Verknüpfungsstellen in einem Makromolekül abhängt, ist der Wert der Kettenlänge zwischen zwei Haftpunkten M_e funktionell mit dem Wert Q_e verbunden. Im Falle $M > 2M_e$ kann man Q_e als [11]

$$Q_e = \left(\frac{M}{2M_e}\right)^{2,4} \tag{8}$$

darstellen mit:

M = rel. Molekülmasse; für reelle Polymere mit verhältnismäßig kleiner Polydispersität kann man die rel. Molekülmasse als Massemittel $\overline{M}_w$ annehmen.

Gemäß der Molekül-Theorie von *Rouse* [9, 10], nach der die Werte des Viskositätskoeffizienten der Monomereinheit eng mit der makromolekularen Relaxation verbunden sind, kann man, von den rheologischen Messungen des Relaxationsspektrums im sog. Übergangsbereich ausgehend, den Koeffizienten ξ_0 ermitteln. Die grundlegende Bedingung zur Ermittlung dieses Wertes für das bestimmte System ist die Bestimmung der Werte H und τ für den Punkt oder Bereich der Kurve $H = f(\tau)$, in dem die Neigung der Relaxationskurve den theoretischen Wert $-0{,}5$ annimmt.

Den ξ_0-Wert kann man auf Grund dieser Daten berechnen, indem man die Gleichung von *Rouse* [9] für das Relaxationszeitspektrum H der linearen Polymeren entsprechend umbildet:

$$\lg \xi_0 = 2 \lg H + \lg \tau + \lg \frac{6}{kT} + 2 \lg \frac{2\pi M_e}{a \varrho N_0} \tag{9}$$

mit

H = Relaxationszeitspektrum [dyn/cm²],
τ = Relaxationszeit [s],
k = *Boltzmann*-Konstante [erg/°K],
T = Temperatur [°K].

Für genügend große Werte der rel. Molekülmasse des Polymeren, bei denen die Struktureffekte auftreten, kann der effektive Viskositätskoeffizient unmittelbar aus dem Kurvenverlauf der Funktion $H = f(\tau)$ im Endbereich (Bereich 3 auf Bild 1, im Punkt mit der Neigung $-0{,}5$ unter der Voraussetzung, daß $M > 2M_e$ ist [10]), entnommen werden.

Die M_e-Werte, die gut die Änderung im Strukturaufbau des Polymeren wiedergeben, kann man auf verschiedenen

Wegen auf Grund der Molekulartheorien der Makromolekülbewegungen bestimmen [14, 15, 16]. Oft werden sie durch die Analyse der Relaxationsspektrumkurven $(H = f(\tau))$ [15, 17, 18, 19] für Polymere ermittelt, deren experimentelle $H = f(\tau)$-Kurven im Übergangs- und Endbereich dem theoretischen Kurvenverlauf nahekommen. Den Übergangsbereich kann man als einen Bereich charakterisieren, in dem die Konfigurationsänderungen in der ganzen Kette erfolgen (mit verschiedener Inneneinwirkung); im Endbereich dagegen kommen Bewegungen der Moleküle oder Molekülgruppen vor, die eine vollkommen feste Konfiguration der einzelnen Kettensegmente aufweisen.

Durch Ermittlung der Punkte auf der Kurve $H = f(\tau)$ mit der theoretischen Neigung $-0{,}5$ im Übergangs- und Endbereich kann man für ein Polymeres unter isothermen Bedingungen den M_e-Wert erhalten:

$$\lg M_e = \lg \frac{\overline{M}_w}{2} - \frac{\Delta}{2{,}4} \tag{10}$$

mit:

$\Delta = \lg \tau_2 - \lg \tau_1$ = Relaxationszeitendifferenz, für den Übergangs- und Endbereich graphisch ermittelt, bei der Neigung $-0{,}5$.

Zahlreiche Arbeiten, die die strukturellen und rheologischen Untersuchungen des Polyvinylalkohols betreffen, erlaubten es, sowohl den Ordnungsgrad der Polymerstruktur [21, 22, 23], die inner- und zwischenmolekularen Wasserstoffbindungen [24, 25] wie auch die Zunahme der Neigung zur Strukturbildung mit der Zeit (schon bei geringen Konzentrationen der Lösungen [26, 27, 28] zu ermitteln.

Die geringe Zeitstabilität der PVA-Lösungen und die deutliche Abhängigkeit der Eigenschaften dieser Lösungen von einer ganzen Reihe von Parametern während der Herstellung erlauben die Vermutung, daß eine Ergänzung dieser rheologischen Untersuchungen unter besonderer Beachtung des Einflusses einiger Hydrolysenparameter (PVAc → PVA) zu einem besseren Verständnis des Systems PVA/Wasser beitragen kann.

Dies betrifft besonders die konzentrierten Lösungen, die von technischer Bedeutung sind.

In unseren Untersuchungen über die PVA-Lösungen mit einer bestimmten Konzentration (14 Masse%) und der rel. Molekülmasse von ca. 70000 haben wir die Gelierung mit der Zeit in Form von rheologischen Messungen der viskoelastischen Eigenschaften darzustellen versucht. Die Gelierung haben wir als einen isothermen Anstieg der reversiblen Raumgitterstruktur infolge der Assoziation vor allem der zwischen- und innermolekularen Wasserstoffbindungen angesehen.

2. *Experimenteller Teil*

Es wurde die Änderung der viskoelastischen Eigenschaften von 14 Masse% PVA-Lösungen in Wasser in Abhängigkeit von der Zeit untersucht. Die Untersuchung geschah auf optischem Wege durch die Messung des Relaxationsspektrums bei ca. 20 °C. Die Messungen wurden mit Hilfe des *Couette*-Rotationsviskosimeters Rheotest Typ RV, Produktion DDR, durchgeführt.

Die Untersuchungen wurden mit frisch zubereiteten PVA-Lösungen und mit Lösungen, die eine Zeitlang in Ruhe bei der Meßtemperatur aufbewahrt waren, durchgeführt. Es wurde ein PVA mit der rel. Molekülmasse von ca. 70000 verwendet, der durch alkalische Hydrolyse des Polyvinylacetates (PVAc) hergestellt wurde. Das Polyvinylacetat wurde durch Lösungspolymerisation von Vinylacetat in einer kontinuierlichen Apparatur unter milden Bedingungen gewonnen. Durch Änderungen der Hydrolysebedingungen, wie Änderungen der Konzentration der Natronlauge und der Temperatur des Vorgangs, sowie einer nachträglichen Bearbeitung des Polymeren nach der Hydrolyse mit Wasserdampf wurden Produkte mit unterschiedlichen physikalischen (hauptsächlich Oberfläche) und chemischen (Gehalt an restlichen Acetylgruppen) Eigenschaften erzeugt. Die Hydrolyse wurde bei Temperaturen zwischen 30 und 64 °C und bei einer Natronlaugekonzentration durchgeführt, die im Polymeren einen Gehalt von 0,05 bis 0,2% Acetylrestgruppen zu erzielen erlaubte (bei einem fast unveränderten Gehalt an Mineralsalzen ca. 0,2% Asche auf Na_2O berechnet).

Auf Grund der Änderungen bei der PVA-Synthese wurden interessante Informationen über die zeitliche Stabilität der konzentrierten wäßrigen Lösungen dieser Polymeren erwartet.

Die 14%igen Lösungen wurden auf eine einheitliche Weise erhalten: die Polymeren wurden zuerst mit Wasser bei einer Temperatur von 15 bis 20 °C 24 h lang aufgequollen und dann auf 95 bis 97 °C innerhalb von 7 h erwärmt. Hierauf wurden die Lösungen heiß durch eine Glasfritte G3 gesaugt und abgeschleudert. Die so erhaltene Lösung wurde in das Meßgerät übergetragen.

Die Messungen des Relaxationsspektrums wurden im Rotationsviskosimeter durchgeführt; sie beruhen auf der Bestimmung der Schubspannungswerte nach Unterbrechung des erzwungenen Fließgleichgewichts. Da die Messungen in dem Bereich der Pseudoplastizität der PVA-Lösungen (ca. 20 °C) durchgeführt wurden, wurde als Basis für die Berechnungen des Relaxationsspektrums der Wert des im Relaxationsprozeß entstandenen Moments G angenommen, das für pseudoplastische Flüssigkeiten nach der Beziehung [29]

$$G = 2\pi r_1 \cdot r_2 \cdot hP \quad [\text{dyn} \cdot \text{cm}] \tag{11}$$

mit

r_1 = Radius des inneren Zylinders,
r_2 = Radius des äußeren Zylinders,
h = gemessene Schichthöhe,
P = Schubspannung der Lösung nach dem Unterbrechen der erzwungenen Scherung [dyn/cm²]

berechnet wurde.

Für den vollen mittleren Meßraumradius $r = \sqrt{r_1 r_2}$ erhalten wir

$$G = 2\pi r^2 hP. \tag{11a}$$

Der entsprechende Spannungsmodul G_p kann, wie bei Gleichung (4) angegeben wurde, als $G_p = \eta/\tau$ und weiter

$$G_p = \eta/\tau = \frac{P}{D \cdot \tau} \tag{11b}$$

beschrieben werden.

Die Schergeschwindigkeit D kann bei einem pseudoplastischen Fließvorgang als Funktion des Radius r [29] dargestellt werden:

$$D(r) = \left(\frac{G}{2\pi r^2 hK}\right)^{1/n}, \tag{11c}$$

wo K und n = Koeffizienten der Potenzgleichung $P = K(D^n)$ sind; für 14%ige PVA-Lösung bei 20 °C sind $n = 0{,}95$ und $K = 52{,}0$.

Der Modulwert nimmt also folgende Form an:

$$G_p(t) = \frac{P}{D(r) \cdot \tau} \quad \text{für} \quad \tau = t \quad [\text{dyn/cm}^2] \tag{11d}$$

Das Relaxationsspektrum wurde nach der Methode von *Ferry* und *Williams* [30, 31]:

$$H(\tau) = -M(m) \cdot G_p(t)\, \frac{d \lg G_p(t)}{d \lg t} \qquad t = \tau \tag{12}$$

berechnet.

Ein Teil des Ausdrucks $G_p(t)\, d\lg G_p(t)/d\lg t$ wurde analytisch berechnet, graphisch bestimmt dagegen nur der Koeffizient $-m$, der Richtungsfaktor der Differentialkurve ($M(m)$ aus einer Tabelle [30] entnommen).

Der angenäherte Wert $\overline{M}_w$, der für die Ermittlung von Q_e und M_e aus den Relaxationsdaten benötigt wird, wurde aus viskosimetrischen Messungen berechnet [32, 33]. Es wurde angenommen, daß die untersuchten PVA-Polymeren eine wahrscheinlichste Verteilung der rel. Molekülmasse besitzen, also daß $\overline{M}_w/\overline{M}_n = 2$ ist. Daraus folgt die Beziehung:

$$U = \frac{\overline{M}_w}{\overline{M}_n} - 1 = 1$$

mit

U = Koeffizient der Uneinheitlichkeit des Polymeren.

In Übereinstimmung mit der angenäherten Gleichung von *Frisch* und *Lundbergs* [33] ist die Beziehung zwischen $\overline{M}_v$ und $\overline{M}_w$ die folgende:

$$\overline{M}_v \approx \overline{M}_w \frac{1 + \left(\frac{1+\alpha}{2}\right) U}{1 + U} \qquad (13)$$

mit

α = Exponent der modifizierten *Staudinger*-Gleichung; für die Berechnungen wurde ein Mittelwert $\bar{\alpha} = 0{,}55$ angenommen (gemäß [34, 35].

$\overline{M}_v$ = Viskositätsmittel der rel. Molekülmassen.

Der Ausdruck (13) nimmt schließlich die Form:

$$\overline{M}_w = \overline{M}_v \cdot 1{,}127$$

an.

Für die Berechnung des Viskositätskoeffizienten der Monomereinheit ξ_0 nach Gleichung (9) ist die Bestimmung des angenäherten Wertes des mittleren Quadrates der Entfernung zwischen den Kettenenden ($\overline{h_0^2}$), der einen Bestandteil des Koeffizienten „a" bildet, notwendig. Der Wert ($\overline{h_0^2}$) wurde nach der angenäherten Methode von *Flory* [13] auf Grund der viskosimetrischen Messungen bestimmt, die im Lösungsmittel (für PVA/Wasser) entsprechend der Gleichung:

$$(\overline{h_0^2})^{1/2} = \left(\frac{[\eta]_\theta\, \overline{M}_v}{\Phi_0}\right)^{1/3} \qquad (14)$$

erhalten wurden.

Dabei bedeuten

$[\eta]_\theta$ = Viskositätszahl des Polymeren im θ-Lösungsmittel,

Φ_0 = $2{,}1 \cdot 10^{23}\ \mathrm{mol^{-1}}$ = *Flory*-Konstante, unabhängig von der Kettenstruktur des Polymeren und dem Lösungsmittel.

Der auf diese Weise berechnete angenäherte Wert $(\overline{h_0^2})^{1/2}$ für den untersuchten Polyvinylalkohol in der wäßrigen Lösung beträgt: $3 \cdot 10^{-6}$ cm. In erster Annäherung wurde angenommen, daß in der konzentrierten Lösung dieser Wert gegenüber einer verdünnten Lösung keiner wesentlichen Veränderung unterliegen wird, was weitere Berechnungen durchzuführen erlaubte. Der Wert des Koeffizienten „a" wurde aus der Gleichung (7) bestimmt.

3. *Untersuchungen zur Alterung der 14%igen PVA-Lösungen in Abhängigkeit von der Zeit*

Aus den durchgeführten Messungen der Änderungen der Aktivierungsenergie des viskosen Fließens E_D mit der Zeit ergibt sich, daß die größten Änderungen in der übermolekularen Struktur der Lösungen bei drei- bis

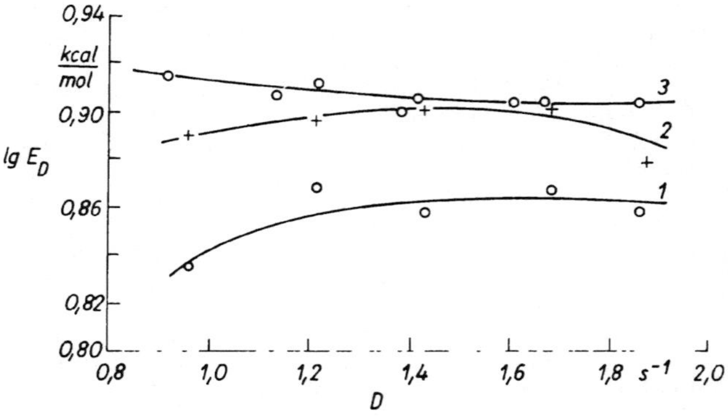

Bild 2. Änderungen der Aktivierungsenergie des viskosen Fließens E_D von 14%igen PVA-Lösungen als Funktion der Zeit

1. Lösung frisch angesetzt
2. Lösung nach 3 Tagen
3. Lösung nach 15 Tagen

viertägigem Stehen (ohne Rühren) bei ca. 20 °C erfolgen; nach 15 Tagen sind die Änderungen gering, besonders bei kleinen Schergeschwindigkeiten (Bild 2).

Die Relaxationsspektren der PVA-Lösungen des Polymeren mit $\overline{M}_w = 71\,450$, Gehalt an restlichen Acetylgruppen 0,2%, Asche 0,2%, Hydrolysetemperatur PVAc auf PVA = 40 °C, wurden unter folgenden Bedingungen untersucht: Temperatur, bei der die Polymerlösung aufbewahrt wurde, 23 °C, Zeitdauer von 1 (frische Lösung) bis 44 Tage. Die Ergebnisse einiger Messungen im Endbereich wurden in den Bildern 3, 4, und 5 dargestellt. Die Meßergebnisse ermöglichen die Schlußfolgerungen:

a) Aus dem Vergleich der Meßergebnisse und der Literaturdaten [7] kann man schließen, daß die Herabsetzung der Meßtemperatur des Relaxationsspektrums bis 23 °C keinen wesentlichen Einfluß auf die H-Werte hatte, dagegen wurden diese Werte erwartungsgemäß in Richtung längerer Relaxationszeiten verschoben.
b) Die Messung des Relaxationsspektrums der frisch zubereiteten und der eine gewisse Zeit aufbewahrten Lösungen zeigen ein deutliches Ansteigen der H-Werte, was auf eine Strukturbildung in der Lösung hinweist.

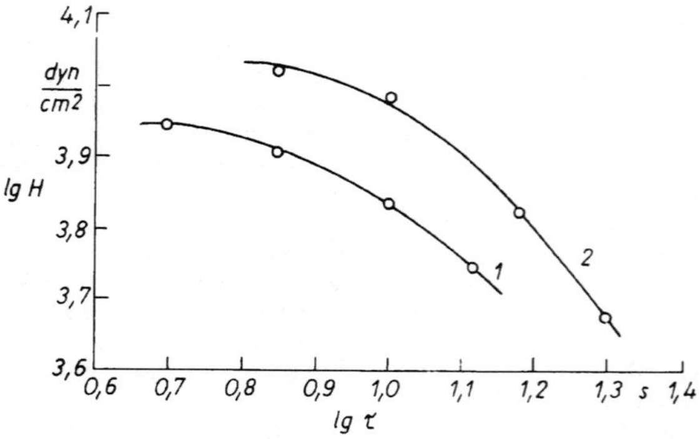

Bild 3. Relaxationsspektrum einer 14%igen PVA-Lösung, Meßtemperatur 23 °C, $D = 73\ \mathrm{s^{-1}}$

1. frisch bereitete Lösung
2. Lösung nach 4 Tagen

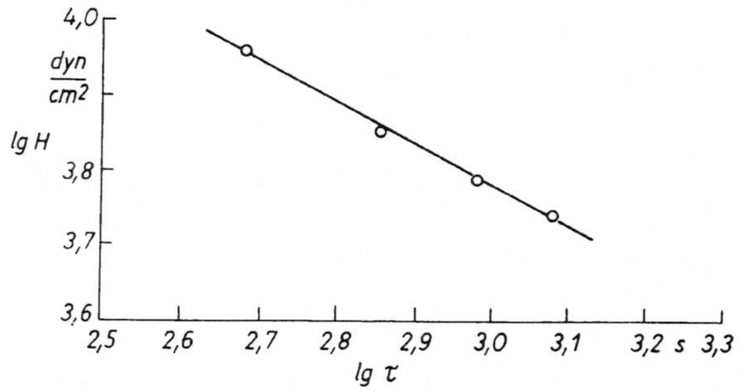

Bild 4. Relaxationsspektrum einer 14%igen PVA-Lösung
Meßtemperatur 23 °C, $D = 1{,}5\ s^{-1}$
Zeit der Aufbewahrung 44 Tage

c) Die Meßergebnisse des Relaxationsspektrums bei langem Aufbewahren (44 Tage) und niedrigen Schergeschwindigkeiten (Bild 4) im Vergleich zu einer frischen Lösung (Bild 3, Kurve 1) erlauben die Vermutung, daß formell genommen (nach der Molekulartheorie von *Rouse* [9]), eine Ähnlichkeit der Lösungen besteht, wie es die dem theoretischem Wert —0,5 nahekommenden Werte des Richtungsfaktors der Kurven im Endbereich zeigen (Bild 3, Kurve 1 —0,75, Bild 4 — 0,52). Für die übrigen Kurven dagegen weicht der Richtungsfaktor merklich von dem theoretischen Wert ab und erreicht einen Wert unterhalb —1. Es scheint jedoch, daß dies aus gänzlich verschiedenen Gründen erfolgt, weil

1. bei frischen Lösungen durch den geringen Anteil an übermolekularen Strukturen und die Abwesenheit der Raumstruktur eines Gels die freien thermischen Bewegungen der Kettensegmente (besonders der Endsegmente) kaum beeinflußt werden.
2. in einer stark gelierten Lösung dagegen die in der Netzstruktur (mit Charakter der Wasserstoffbindungen) zum Stillstand gebrachten Ketten der Makromoleküle die freie Bewegung nur kleiner Endsegmente zulassen.

Die Lösungen mit mittlerem Gelierungsgrad weisen wahrscheinlich nicht die Strömung einzelner Segmente der Makromoleküle auf, sondern der Aggregate mit zunehmendem Aggregationsgrad bis zum Entstehen einer Raumstruktur mit reversiblem Charakter. Den Verlauf der Kurve auf Bild 5 kann man als Beweis für den rückgängigen Charakter der Netzstruktur interpretieren. Auf Grund der Aktivierungsenergie des viskosen Fließens beträgt die Grenzzeit des Aggregataufbaues (für 14%ige PVA-Lösungen mit untersuchtem $\overline{M}_w$-Wert) ca. 15 Tage (Temperatur ca. 20 °C).

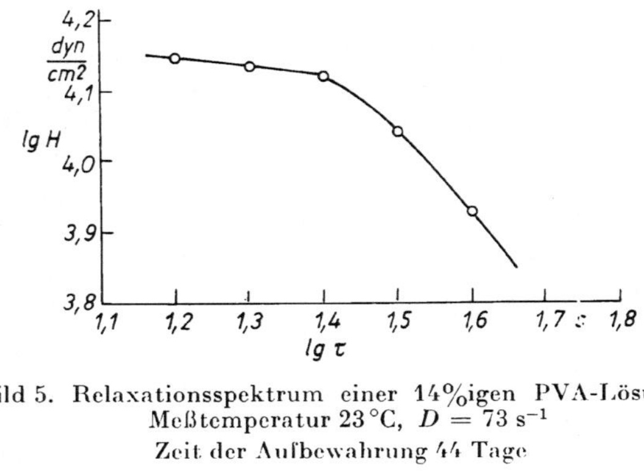

Bild 5. Relaxationsspektrum einer 14%igen PVA-Lösung,
Meßtemperatur 23 °C, $D = 73\ s^{-1}$
Zeit der Aufbewahrung 44 Tage

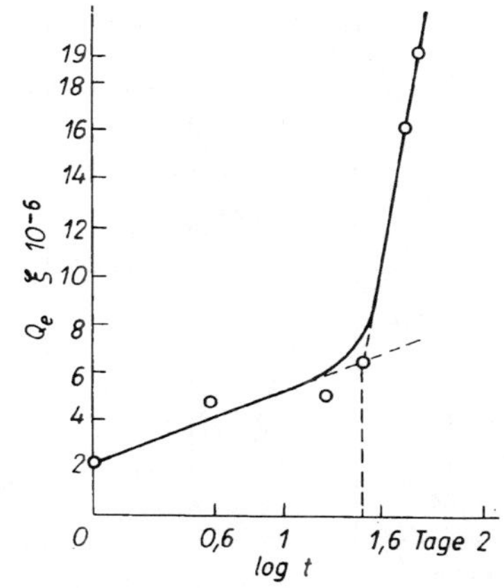

Bild 6. Veränderung des effektiven Viskositätskoeffizienten $Q_e \cdot \xi_0$ als Funktion der Zeit. Daten nach den Messungen der Funktion $H = f(\tau)$ mit $D = 73\ s^{-1}$.

Die durchgeführten Berechnungen des effektiven Viskositäts-Koeffizienten $Q_e \cdot \xi_0$ auf Grund der vorher dargestellten Messungen des Relaxationsspektrums der konzentrierten PVA-Lösungen bestätigten die Schlußfolgerungen aus den Messungen der Aktivierungsenergie des viskosen Fließens (Bild 2). Die Ergebnisse sind auf dem Diagramm (Bild 6) und in der Tabelle 1 dargestellt.

In dem untersuchten Zeitbereich beobachtet man die Zunahme des effektiven Viskositätskoeffizienten mit zwei deutlichen Gebieten unterschiedlicher Änderungsgeschwindigkeit.

Der Grenzzeitwert zwischen den Änderungsgebieten des Neigungsfaktors der Kurve, die die Funktion $Q_e \cdot \xi_0 = f(t)$ wiedergibt, beträgt ca. 15 Tage. In Übereinstimmung mit obigen Überlegungen kann man annehmen, daß im 15tägigen Zeitabschnitt höchstwahrscheinlich in der Lösung ein Aufbau der übermolekularen Aggregate, die sich in der Lösung bewegen, stattfindet; bei längeren Versuchszeiten dagegen (15 bis 44 Tage) erfolgt mit einer bedeutenden Geschwindigkeit die Bildung einer räumlichen Netzstruktur.

Für längere Gelierungszeiten als 44 Tage müßte die Kurve der Abhängigkeit $Q_e \cdot \xi_0 = f(t)$ einer Sättigung unterliegen: $Q_e \cdot \xi_0$ = konst (thermodynamisches Pseudogleichgewicht) bis zum Auftreten der spontanen Gelsynärese.

4. *Alterungsuntersuchungen der 14%igen PVA-Lösungen, die aus modifizierten Polymeren hergestellt wurden*

Aus dem Relaxationsspektrum wurden die Änderungen des Wertes $Q_e \cdot \xi_0$ mit der Zeit für Lösungen, die aus früher modifizierten Polymeren hergestellt waren, bestimmt und daraus der Einfluß dieser Modifikation auf die Gelierungszeit der konzentrierten PVA-Lösungen nachgewiesen.

Die Alterungsuntersuchungen der PVA-Lösungen, die vorher einer thermischen Behandlung mit Wasserdampf unterworfen wurden, zeigten, daß sich wenigstens vorübergehend (Tabelle 2, Zeile 1, 2) der effektive

Tabelle 1. Zeitliche Änderungen der rheologischen Eigenschaften der PVA-Lösungen (mit 14 Masse%, nichtfraktioniert) unter isothermen Bedingungen, PVA nicht modifiziert

Nr.	Charakteristik des Polymeren	Aufbewahrungszeit der Lösungen [d]	$\overline{M}_w$	$\overline{M}_v$	$\overline{M}_e$	$(h_2^0)^{1/2}$ [cm]	$Q_e = \left(\frac{M_e}{2M_w}\right)^{2,4}$	a	$Q_e \xi_0$ $\left[\frac{dyn \cdot s}{cm}\right]$
1	0,2% Acetylgr. 0,2% Asche	1	71450	63400	25800	$\sim 3 \cdot 10^{-6}$	2,19	$\sim 8 \cdot 10^{-8}$	$2{,}2 \cdot 10^{-6}$
2	0,2% Acetylgr. 0,2% Asche	4	71450	63400	11300	$\sim 3 \cdot 10^{-6}$	15,86	$\sim 8 \cdot 10^{-8}$	$4{,}38 \cdot 10^{-6}$
3	0,2% Acetylgr. 0,2% Asche	15	71450	63400	—	$\sim 3 \cdot 10^{-6}$	—	$\sim 8 \cdot 10^{-8}$	$4{,}7 \cdot 10^{-6}$*)
4	0,2% Acetylgr. 0,2% Asche	32	71450	63400	—	$\sim 3 \cdot 10^{-6}$	—	$\sim 8 \cdot 10^{-8}$	$1{,}6 \cdot 10^{-5}$*)
5	0,2% Acetylgr. 0,2% Asche	44	71450	63400	—	$\sim 3 \cdot 10^{-6}$	—	$\sim 8 \cdot 10^{-8}$	$1{,}9 \cdot 10^{-5}$*)
6	0,2% Acetylgr. 0,2% Asche	44	71450	63400	—	$\sim 3\ 10^{-6}$	—	$\sim 8 \cdot 10^{-8}$	$1{,}54 \cdot 10^{-4}$**)

*) Die Ergebnisse aus den Messungen der Funktion $H = f(\tau)$ wurden nur für den Grenzbereich des Spektrums erhalten, weil die mittlere Zone nicht ausreichend ausgebildet war.
**) für die Schergeschwindigkeit $D = 1{,}5\ s^{-1}$.

Wert des Viskositätskoeffizienten vermindert. Auch die zeitliche Änderung des M_e-Wertes ist (nach 3 Tagen) viel kleiner für das thermisch behandelte Polymere (Tabelle 2, Zeile 1, 2) als für Lösungen aus nichtmodifizierten Polymeren (Tabelle 1, Zeile 1, 2). Das deutet auf einen langsameren Vorgang des Gelierungsprozesses hin.

Man kann schließen, daß die Lösungen ähnliche wie oben beschriebene Alterungsstadien mit einer Verspätung durchmachen, die hauptsächlich von der Diffusionsgeschwindigkeit des Lösungsmittels zu den Bereichen der größeren Kristallinität (infolge der Behandlung mit Wasserdampf) abhängt. Aus technologischer Sicht dagegen (Faserproduktion aus PVA) ist die Möglichkeit einer mehrtägigen Verschiebung der Alterungsprozesse von großer Bedeutung.

Die Meßergebnisse sind in Tabelle 2 dargestellt. Einen wesentlichen Einfluß auf den Wert des effektiven Vis-

Tabelle 2. Zeitliche Änderungen der rheologischen Eigenschaften von nichtfraktionierten, 14%igen PVA-Lösungen, PVA modifiziert.

Nr.	Charakteristik der Polymeren	$\overline{M}_v$	$\overline{M}_w$	$\overline{M}_e$	$(\overline{h}_0^2)^{1/2}$ [cm]	a	$Q_e \cdot \xi_0$ $\left[\frac{dyn \cdot s}{cm}\right]$	Aufbewahrungszeit [d]
1	Polymeres nach der Wasserdampfbehandlung	63400	71450	15100	$\sim 3 \cdot 10^{-6}$	$\sim 8 \cdot 10^{-8}$	$4{,}26 \cdot 10^{-6}$	1
2	Polymeres nach der Wasserdampfbehandlung	63400	71450	10450	$\sim 3 \cdot 10^{-6}$	$\sim 8 \cdot 10^{-8}$	$3{,}49 \cdot 10^{-6}$	3
3	Polymeres mit 0,15% Gehalt an Acetylgruppen	63400	71450	10450	$\sim 3 \cdot 10^{-6}$	$\sim 8 \cdot 10^{-8}$	$2{,}85 \cdot 10^{-6}$	1
4	Polymeres mit 0,15% Gehalt an Acetylgruppen	63400	71450	10450	$\sim 3 \cdot 10^{-6}$	$\sim 8 \cdot 10^{-8}$	$5{,}1 \cdot 10^{-6}$	3
5	Polymeres mit 0,1% Gehalt von Acetylgruppen	63400	71450	10450	$\sim 3 \cdot 10^{-6}$	$\sim 8 \cdot 10^{-8}$	$3{,}1 \cdot 10^{-6}$	1
6	Polymeres mit 0,1% Gehalt an Acetylgruppen	63400	71450	10450	$\sim 3 \cdot 10^{-6}$	$\sim 8 \cdot 10^{-8}$	$5{,}25 \cdot 10^{-6}$	3
7	Polymeres mit 0,05% Gehalt an Acetylgruppen	63400	71450	10450	$\sim 3 \cdot 10^{-6}$	$\sim 8 \cdot 10^{-8}$	$4{,}6 \cdot 10^{-6}$	1
8	Polymeres mit 0,05% Gehalt an Acetylgruppen	63400	71450	10450	$\sim 3 \cdot 10^{-6}$	$\sim 8 \cdot 10^{-8}$	$5{,}8 \cdot 10^{-6}$	3
9	*)	67700	76300	11600	$\sim 3 \cdot 10^{-6}$	$\sim 8 \cdot 10^{-8}$	$5{,}53 \cdot 10^{-6}$	1
10	**)	67700	76300	10950	$\sim 3 \cdot 10^{-6}$	$\sim 8 \cdot 10^{-8}$	$5{,}5 \cdot 10^{-6}$	1

*) Hydrolysetemperatur 30 °C, Zeit $t = 1{,}2$ h, 0,23% Acetylgruppen im Polymeren.
**) Hydrolysetemperatur 64 °C, Zeit $t = 3{,}5$ h, 0,2% Acetylgruppen im Polymeren.

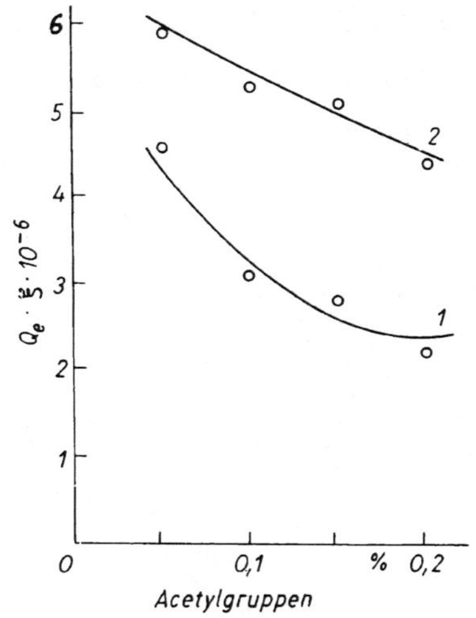

Bild 7. Abhängigkeit der Änderungen des effektiven Viskositätskoeffizienten $Q_e \cdot \xi_0$ für 14%ige PVA-Lösungen vom Restgehalt an Acetylgruppen
1. Lösungen nach 1 Tage
2. Lösungen nach 3 Tagen

kositätskoeffizienten $Q_e \cdot \xi_0$ mit der Zeit haben Modifikationen, die eine Herabsetzung des Restgehalts an Acetylgruppen hervorrufen sollen. Bei einer Änderung dieser Gruppen von 0,5 auf 0,2% hat man festgestellt, daß die Werte $Q_0 \cdot \xi_0$ sehr schnell anwachsen, sowohl mit der Zeit als auch bei der Verminderung des Acetylgruppengehalts.

Aus diesen Ergebnissen kann man schließen, daß auch ein geringer Anteil räumlich großer Seitengruppen in der Polymerkette die Stabilisierung der einzelnen Segmente der Makromoleküle beeinflußt, indem sie die Assoziationsvorgänge erschweren und das freie Volumen dieser Segmente vergrößern [36, 37]. Die Meßergebnisse sind auf Bild 7 und in Tabelle 2 dargestellt.

Es wurde kein wesentlicher Einfluß der Temperatur der alkalischen Hydrolyse PVAc auf PVA auf den Wert des effektiven Viskositätskoeffizienten festgestellt.

Die durchgeführten Hydrolyseuntersuchungen umfaßten einen Temperaturbereich von 30 bis 64 °C und Hydrolysezeiten von 1,2 bis 3,5 h (Natriumlaugemenge — katalytisch).

Die erzielten $Q_e \cdot \xi_0$-Werte für zwei beispielweise ausgewählte Temperaturen und Hydrolysezeiten sind in Tabelle 2 aufgeführt.

3. *Untersuchungen der Gelierungsgeschwindigkeit der konzentrierten PVA-Lösungen nach einer modifizierten Methode von Matsumoto* [28].

Um die Meßergebnisse der Untersuchungen der Gelierungsgeschwindigkeiten der konzentrierten PVA-Lösungen bei Bestimmung des Relaxationsspektrums mit Ergebnissen, die auf andere Weise erzielt wurden, zu vergleichen, wurden Messungen nach einer modifizierten Methode von *Matsumoto* [28] durchgeführt.

Diese Methode beruht auf der Messung der dynamischen Viskosität in Abhängigkeit von der Zeit bei konstanter Temperatur.

Aus der empirisch ermittelten [28] linearen Abhängigkeit der Viskositätsänderung von der Zeit (im Anfang des Gelierungsprozesses)

$$\eta_t = \eta_0 (1 + \alpha_T t) \tag{15}$$

mit

η_t, η_0 = Viskosität der Lösung nach der Zeit t und der Zeit 0,
α_T = Konstante, unabhängig von der Lösungskonzentration und der Meßtemperatur
t = Zeit [h]

konnte man durch Bestimmung des Richtungsfaktors $\eta_0 \cdot \alpha_T$ die Anfangsgeschwindigkeit der Gelierung ermitteln. Der Koeffizient α_T wurde bestimmt auf Grund der Arbeit von *Matsumoto* [28] bei 30 °C und einer Konzentration von 14 Masse% zu

$$\alpha_{30} = 4{,}47 \cdot 10^{-3}.$$

Die Modifikation der Methode beruht nur darin, daß man als Maß der Gelierungsgeschwindigkeit nicht das Produkt $\eta_0 \cdot \alpha_T$ heranzog, sondern die Differenz $\Delta(\eta_0 \cdot \alpha_T)$, die bei verschiedenen Schergeschwindigkeiten D ermittelt wurde.

Wir sind der Meinung, daß diese Darstellung der Meßergebnisse besser den Charakter der Änderungen der übermolekularen Lösungenstruktur wiedergibt. Einige charakteristische Meßergebnisse wurden in Tabelle 3 zusammengestellt.

Die so erhaltenen Ergebnisse bestätigen im allgemeinen ganz gut die Ergebnisse, die bei Anwendung der Relaxationsspektrum-Untersuchungen erzielt wurden. Wesentliche Abweichungen ergaben sich nur bei der Auswertung des Einflusses der Hydrolysetemperatur auf die Gelierungsgeschwindigkeit der konzentrierten PVA-Lösungen (Tabelle 3, Zeile 4,5).

Entsprechend [24, 25] führt die Behandlung von Polyvinylalkohol bei erhöhter Temperatur und in alkalischem Medium zu einem ungleichmäßigen Anstieg der inter- und intramolekularen Wasserstoffbrückenbindungen im Polymeren. Diese Veränderungen werden bei der Berechnung des effektiven Viskositätskoeffizienten

Tabelle 3. Alterungsverlauf von nichtfraktionierten 14%igen PVA-Lösungen nach der modifizierten Matsumoto-Methode, PVA modifiziert

Nr.	$\eta_0 \cdot \alpha_{30}$ $D = 4{,}5\,s^{-1}$	$\eta_0 \cdot \alpha_{30}$ $D = 73\,s^{-1}$	$\alpha_{30} \cdot (\eta_{4,5} - \eta_{73})$	Charakteristik des Polymeren
1	13,53	11,93	1,6	PVA modifiziert, 0,2% Acetylgruppen (Tabelle 1, Zeile 1)
2	20,65	16,2	4,45	PVA mit 0,05% Acetylgruppengehalt Tabelle 2, Zeile 7)
3	13,56	12,9	0,66	PVA modifiziert mit Wasserdampf (Tabelle 2, Zeile 1)
4	14,41	14,25	0,16	PVA hydrolysiert bei 30 °C (Tabelle 2, Zeile 9)
5	19,78	17,35	2,43	PVA hydrolysiert bei 64 °C (Tabelle 2, Zeile 10)

$Q_e \cdot \xi_0$ mit dem Fließmodell nach *Rouse* nicht berücksichtigt, so daß hierin die Ursache für die unterschiedlichen Ergebnisse zu sehen ist.

Durch Anwendung der empirischen Methode von *Matsumoto*, ohne Voraussetzung des Fließmodells für die Gelstruktur, werden die Effekte wahrscheinlich zum Vorschein gebracht, obwohl die Methode es nicht ermöglicht, sie näher zu beschreiben.

Zusammenfassung

Auf Grund der Messungen des Relaxationsspektrums konzentrierter 14%iger PVA-Lösungen und der daraus berechneten Werte des effektiven Viskositätskoeffizienten wurden Überlegungen über den Strömungsmechanismus der konzentrierten PVA-Lösungen unter Bildung einer Gelstruktur (Alterung der Lösung) angestellt.

Es wurde festgestellt, daß der Anstieg der Lösungsgelierung mit der Zeit einen deutlichen zweistufigen Charakter aufweist. Es wurde auch die Alterung der PVA-Lösungen, die aus modifizierten Polymeren hergestellt waren, untersucht.

Dabei stellte man folgendes fest:
Die Behandlung des Polymeren mit Wasserdampf hat einen günstigen Einfluß auf die zeitliche Stabilität der konzentrierten Lösungen;
die Herabsetzung des Gehalts an Restacetylgruppen im Polymeren unterhalb 0,2% hat einen ungünstigen Einfluß auf die Stabilität der konzentrierten Lösungen;
der Einfluß der Hydrolysetemperatur PVAc zu PVA auf die Eigenschaften der konzentrirten PVA-Lösungen ist nicht eindeutig.

Literatur

[1] *Peter, S.*, und *Noetzel, W.*: Das Fließverhalten und die Strömungsdoppelbrechung wäßriger Lösungen von Polyvinylalkohol bei höheren Konzentrationen. Kolloid-Z. **182** (1962) 2, S. 97–109.
[2] *Peter, S.*, und *Fasbender, H.*: Die Größe der Solvathüllen des Polyvinylalkohols in wäßriger Lösung. Kolloid-Z./Z. Polymere **188** (1963) 1, S. 14–19.
[3] *Peter, S.*, und *Fasbender, H.*: Fließverhalten und Strömungsdoppelbrechung von Lösungen verschiedenartiger Polyvinylalkohole in Wasser und in Salzlösungen. Kolloid-Z./Z. Polymere **196** (1964) 2, S. 125–135.
[4] *Maeda, H.*, *Kawai, T.*, und *Soito, Y.*: Non-Newtonian behavior of concentrated solutions of poly(vinyl alcohol) hol). J. chem. Soc. Japan, Pure chem. Soc., **80** (1959) 3, S. 243, ref. in: Ref. Ž. Chimia (1960) 6, 25099.
[5] *Maeda, H.*, *Kawai, T.*, und *Kasiwagi, R.*: Behavior of high polymer in solutions. X. Aging and gelation of poly(vinyl alcohol) solutions. Chem. High Polymers, Japan **13** (1956) 133, S. 193–201, ref. in: Ref. Ž. Chimia (1957) 16, 54577.
[6] *Evva, F.*: Structure viscosity of aqueous poly(vinyl alcohol) (PVA) solutions. Magyar Kém. Folyóirat **62** (1956) S. 28–31.
[7] *Onagi, S.*, *Hamana, I.*, und *Hirai, H.*: Viscoelastic properties of concentrated solutions of polyvinyl alcohol. J. appl. Physics **29** (1958) 10, S. 1503–1510.
[8] *Bueche, F.*: The viscoelastic properties of plastics. J. chem. Physics **22** (1954) S. 603–609.
[9] *Rouse, P. E. jr.*: A theory of the linear viscoelastic properties of dilute solutions of coiling polymers. J. chem. Physics **21** (1953) S. 1272–1280.
[10] *Ferry, J. D.*: Viscoelastic properties of polymers. New York/London 1961, Ch. X.
[11] *Bueche, F.*: Viscosity, self-diffusion, and allied effects in solid polymers. J. chem. Physics **20** (1959) S. 1959 bis 1964.
[12] *Fox, T. G.*, *Gratch, S.*, und *Loshaek, S.*: Viscosity relationships for polymers in bulk and in concentrated solutions. Nach: *Eirich, F. R.*: Rheology. Vol. I. New York: Academic Press 1956. S. 431–493.
[13] *Flory, P. J.*: Principles of polymer chemistry. New York 1953, Ch. IX.
[14] *Ferry, J. D.*, *Grandine, L. D., jr.*, und *Fitzgerald, E. R.*: The relaxation distribution function of polyisobutylens in the transition from rubberlike to glasslike behavior. J. appl. Physics **24** (1953) S. 911–916.
[15] *Fox, T. G.*, und *Loshaek, S.*: Isothermal viscosity-molecular weight dependence for long polymer chains. J. appl. Physics **26** (1955) S. 1080–1082.
[16] *Williams, M. L.*, und *Ferry, J. D.*: Dynamic mechanical properties of plasticized polyvinyl acetate. J. colloid Sci. **10** (1955) S. 1–11.
[17] *Williams, M. L.*, und *Ferry, J. D.*: Dynamic mechanical properties of polyvinyl acetate. J. Colloid Sci. **9** (1954) S. 479–492.
[18] *Ninomiya, K.*: Effects of blending of the stress-relaxation behavior of polyvinyl acetate in the rubbery region. J. Colloid Sci. **14** (1959) S. 49–58.
[19] *Tobolsky, A. V.*, *Mercurio, A.*, und *Murakami, K.*: Molecular weight distribution by stress relaxation. J. Colloid Sci. **13** (1958) S. 196–197.
[20] *Ferry, J. D.*: Viscoelastic properties of polymers. New York/London 1961. Ch. III.
[21] *Bunn, C. W.*, und *Peiser, H. S.*: Mixed crystal formation in high polymers. Nature, London **159** (1947) 4031, S. 161–162.
[22] *Sakurada, I.*: Einige Polyvinylalkohole und ihre Fasern. Chim. i. techn. Polim. (1964) 10, S. 80–107.
[23] *Tsubai, K.*, und *Mochzuki, T.*: Single crystals of polyvinyl alcohol. J. Polymer Sci., Part B. **1** (1963) 10, S. 531–534.
[24] *Maeda, H.*, *Kawai, T.*, und *Sekii, S.*: Intra- and inter molecular hydrogen bonds in polyvinyl alcohol solutions. J. Polymer Sci. **35** (1959) S. 288–292.
[25] *Nohara, S.*: Viscoelastic properties and nuclear magnetic resonance absorption of poly(vinyl alcohol). Kobunshi Kagaku **15** (1958) S. 105–116.
[26] *Stacey, A.*, und *Alexander, P.*: Die Aggregation und Wasserstoffbindungen in PVA-Lösungen. Ricerca Sci. **25** (1955) Suppl. S. 889–896. Ref. in: Ž. Chimia (1956) 18, 58241.
[27] *Matsuo, T.*, und *Inagaki, H.*: Über den Lösungszustand des Polyvinylalkohols in Wasser. Makromol. Chemie **53** (1962) S. 130–144.
[28] *Matsumoto, M.*, und *Ohyanagi, Y.*: Gelation velocity of aqueous solutions of polyvinyl alcohol. J. Polymer Sci. **26** (1957) 114, S. 389–391.
[29] *Wilkinson, W. L.*: Non-Newtonian fluids. Oxford: Pergamon Press 1960. Ch. II.
[30] *Ferry, J. D.*: Viscoelastic properties of polymers. New York/London, 1961. Ch. IV, S. 63.
[31] *Ferry, J. D.*, und *Williams, M. L.*: Second approximation methods for determining the relaxation-time spectrum of a viscoelastic material. J. Colloid Sci. **7** (1952) S. 347–353.
[32] *Frenkel, S. J.*: Hydrodynamische Mittelwerte für Molekulargewichte und das Kriterium der Polydispersität für nichtfraktionierte Polymere. Vysokomol. Soed. (Hochmol. Verbind.) **2** (1960) 5, S. 731–743.
[33] *Frisch, H.*, und *Lundberg, J.*: A viscometric criterion of polymer polydispersity. J. Polymer Sci. **37** (1959) S. 123–129.
[34] *Dieu, H. A.*: Solutions of polyvinyl alcohol. J. Polymer Sci. **12** (1954) S. 417–438.
[35] *Dialer, K.*, *Vogler, K.*, und *Patat, F.*: Zur Charakterisierung fraktionierter Polyvinylalkohole. Helv. chim. Acta **35** (1952) S. 869–885.
[36] *Dannhauser, W.*, *Child, W. C., jr.*, und *Ferry, J. D.*: Dynamic mechanical properties of poly-n-octyl methacrylate. J. Colloid Sci. **13** (1958) S. 103–113.
[37] *Fujita, H.*, und *Kishimoto, A.*: Correlation between dilatometric and viscoelastic date on a series of poly-n-alkyl methacrylates. J. Colloid Sci. **13** (1958) S. 418 bis 428.
[38] *Volkova, N. S.*, und *Konkin, A. A.*: Rheologische Eigenschaften von Polyvinylalkohol-Lösungen mittlerer Konzentration. Chim. Volokna (Chem. Fasern) (1964) 4, S. 17–20.

Eingegangen am 11. Februar 1969

Viskositätsmessungen an gelhaltigen Celluloselösungen

Josef Schurz (unter experimenteller Mitarbeit von Hedwig Uragg, Jutta Renger, Erich Gruber und Karl Heinz Schmidt)

Aus dem Institut für Physikalische Chemie der Universität Graz

DK 547.458.81:532.13.08:541.182.644:66.067.38:535.36:532.135

Die Ermittlung des Gelanteiles von Celluloselösungen, der z. B. die Ursache verschiedener Trübungen bei hochpolymeren Cellulosederivaten mit gleichen rel. Molekülmassen, Stickstoffgehalten und gleicher Herkunft sein kann, wird in Ergänzung früherer Arbeiten auf verschiedenen Wegen versucht, und zwar über die Grenzviskositätszahl, die Ultrafiltration und die *Guinier*-Zerlegung der Lichtstreuungskurven. Ferner wird das Verhalten von Gelen in Netzlösungen und ihre Einwirkung auf deren rheologische Eigenschaften diskutiert. Es wird vermutet, daß die Gele Reste von Cellulose-I-Kristalliten sind.

Измерения вязкости растворов целлюлозы, содержащих гелики

В продолжении предыдущих работ были проведены опыты по определению содержания геликов в растворах целлюлозы, которое может привести, например, к различного рода помутнениям растворов высокополимерных производных целлюлозы при одном и том же молекулярном весе, содержании азота и происхождении. Для этой цели применялись методы вискозиметрии, ультрафильтрации и светорассеяния. Кроме того обсуждено поведение геликов в структурированных растворах со структурой непрерывной сетки и их влияние на реологические свойства последних. Высказано предположение о том, что гелики представляют собой остатки кристаллов целлюлозы I.

Viscosity Measurements of Gel-containing Cellulose Solutions

In addition to previous investigations an attempt was made to determine the gel content of cellulose solutions, causing turbidity of cellulose derivatives of equal origin, molecular weight and nitrogen content, by viscosity and ultrafiltration measurements as well as by Guinier analysis of the light scattering trace. Further, the behaviour of gels in wetting solutions and their effect on the rheological properties are discussed. The gels are suggested to be remainders of cellulose I crystalites.

1. Einleitung

In realen Lösungen kommt häufig neben normal gelösten Molekülen ein übermolekularer Anteil vor, der Gelanteil genannt wird [1]. Lösungen von Cellulosederivaten sind in der Regel nicht frei davon, die Zähligkeit der übermolekularen Teilchen geht hier bis etwa 100. Bei Cellulosetrinitrat sind die Gelteilchen von anisotroper Gestalt, so daß ihr Viskositätsbeitrag an sich groß ist, aber nur sehr wenig von der rel. Molekülmasse abhängt. Er hat daher auf die Grenzviskositätszahl (GVZ) keinen direkten Einfluß, er täuscht nur eine zu große Konzentration, und damit eine zu kleine GVZ vor; für eine bestimmte rel. Molekülmasse wird daher die gelfreie Lösung stets die höchste GVZ ergeben. Das K in der Gleichung $[\eta] = K \cdot M^a$ wird daher für die gelfreie Lösung am größten gefunden.

Für die Konstanten K und a herrscht in der Literatur bei Cellulosederivaten keineswegs Einigkeit. Für Cellulosetrinitrat (CTN) in Aceton gibt *Meyerhoff* [2] die Beziehung $[\eta] = 2{,}8 \cdot 10^{-3} M_w^1$. Dies stimmt mit Messungen einer Gruppe von Lichtstreuungsforschern (*Badger, Blaker*; Lit. siehe [2]) überein. Dagegen findet eine andere Gruppe (*Hunt, Newmann, Sheraga, Flory*) $[\eta] = 2{,}0 \cdot 10^{-3} M_w^1$, und eine dritte $[\eta] = 1{,}65 \cdot 10^{-3} \cdot M_w^1$. Unsere eigenen Messungen in Aceton ergaben stets $a = 1$; für das K wurden Werte zwischen 1,4 und $1{,}8 \cdot 10^{-3}$ gefunden, je nach Art der Lösungsherstellung, Nitrierung, Provenienz der Probe usw. Wir werden wohl nicht fehlgehen, wenn wir diese Diskrepanzen dem Gelanteil zuschreiben. Für abfiltrierte Gele in Aceton fanden wir $[\eta] = 1{,}09 \cdot 10^1 M_w^{0{,}293}$, doch handelte es sich hier wohl nicht um völlig reine Gele, sondern eher um ein Gemisch. Im θ-Lösungsmittel Butylacetat/Äthanol (10:9) bei 25 °C fanden wir $[\eta] = 8{,}5 \cdot 10^{-1} M_w^{0{,}5}$; daraus ergibt sich nach *Flory* ein „ungestörtes" statistisches Fadenelement $A_m = 147$ Å. Da eine völlig gelfreie Lösung das höchste K ergeben sollte, wollen wir den *Meyerhoff*schen Wert $K = 2{,}8 \cdot 10^{-3}$ als „gelfrei" ansehen; sowohl seine Meßmethode (UZ) als auch sein Material (Baumwollnitrat, fraktioniert) sind weniger störanfällig als die von uns verwendete Lichtstreuungsmethode und die Holzzellstoffnitrate.

Da hochpolymere Cellulosederivate schon bei recht geringer Gewichtskonzentration „Netzlösungen" [3] ergeben (vgl. Bild 1), darf man annehmen, daß auch in diesen die Gele eine Rolle spielen. Sie mögen dort als „Verhängungsbereiche" gewissermaßen Verstärkungspunkte im Netz der Lösung bilden und die Makromoleküle zusammenhalten wie „eine Klette das Heu". Die Suche nach dem Gelanteil ist also nicht nur für die hochverdünnten Partikellösungen, sondern auch für die konzentrierteren Netzlösungen von Bedeutung. Es ist zu erwarten, daß alle Lösungen, die übermolekulare Gele enthalten, eine visuelle Trübung ergeben infolge der enorm gesteigerten Lichtstreuung an den großen Gelen. Dies mag für die gerade bei Cellulosenitratlösungen oft beobachtete Trübheit (in den USA als „haziness" bezeichnet) verantwortlich sein, die jedenfalls durch die konventionellen Angaben nicht erklärt werden kann: von zwei Cellulosenitraten mit völlig gleichen rel. Molekülmassen, Stickstoffgehalt und gleicher Herkunft kann die eine klare, die andere trübe Lösungen ergeben.

Wir glauben, daß daran der Gelanteil schuld ist. Ein Grund mehr, ihn genau zu studieren.

2. Verdünnte Lösungen

Über die Lichtstreuung von gelhaltigen Lösungen haben wir schon mehrmals berichtet [4]. Hier sollen einige neuere Ergebnisse mitgeteilt werden, die unsere bisherigen Befunde ergänzen.

2.1. Die Grenzviskositätszahl

Nach dem oben Ausgeführten darf man nicht erwarten, daß man aus Viskositätsmessungen allein Angaben über den Gelanteil erhalten kann. Immerhin geben sie Hinweise. Wenn man die $[\eta]$-M-Beziehung für die gelfreie Lösung kennt, so kann man die scheinbare Verkleinerung der GVZ als ein Anzeichen von Gelen ansehen. Setzt man $[\eta]_G/[\eta] = f_G$, wobei sich der Index G auf Gele bezieht, und ist $f_G < 1$ der „Gelfaktor", so können wir näherungsweise schreiben:

$$[\eta]_G = f_G \cdot K \cdot M^a,$$

wobei wir den Viskositätsbeitrag der Gele vernachlässigen und daher K und a von der gelfreien Lösung übernehmen. Damit ist f_G sofort berechenbar. Aber auch beim Fehlen von K und a ist eine grobe Abschätzung möglich. Wenn in zwei Lösungen 1 und 2 die Gelbildung verschieden groß ist, so sollte gelten:

$$[\eta]_{G^1} = f_{G^1} \cdot K_1 \cdot M^{a}1 \quad \text{und} \quad [\eta]_{G^2} = f_{G^2} \cdot K_2 \cdot M^{a}2,$$

und das Verhältnis der GVZ wird

$$[\eta]_{G^1}/[\eta]_{G^2} = (f_{G^1}/f_{G^2}) \cdot (K_1/K_2) \cdot M^{a}1^{-a}2.$$

Wählt man Lösungen mit $a_1 = a_2$, so wird die Beziehung unabhängig von M, und der Quotient der beiden GVZ wird konstant. Treten Abweichungen von dieser Konstanz auf, so ist offenbar das Verhältnis f_{G^1}/f_{G^2} geändert und man weiß, daß in einer oder beiden der Lösungen eine Variation der Gelbildung erfolgt ist. Vorteilhaft wird man eine Lösung so wählen, daß die Gelbildung in ihr gering und gleichmäßig ist, so daß das f_{G^1} mehr oder weniger konstant bleibt und Änderungen nur auf Konto von f_{G^2} gehen.

Dies sei am Beispiel von Cellulosetrinitrat in Butylacetat, Aceton und Tetrahydrofuran demonstriert. In Bild 1 ist das Verhältnis der GVZ gegen die rel. Molekülmasse (aus Lichtstreuung, also M_w) doppelt logarithmisch aufgetragen. Die gerade Linie ist das GVZ-Verhältnis in Butylacetat und Aceton, wie wir es früher [5] einmal zu 1,55 ermittelt hatten. Die Gelbildung ist umso stärker, je weiter die Punkte nach unten von der Geraden abweichen. Man kann aus Bild 1 ablesen, daß die beiden Proben 4 und 5 am wenigsten Gelbildung zeigen. Sehr stark ist sie dagegen bei den Proben 1 (Zellwolle), 3 und 5. Weiter sieht man, daß in THF die Gelbildung etwa gleich ist wie in Butylacetat, und daß die GVZ-Verhältnisse unabhängig von der rel. Molekülmasse sind; das heißt, die Hochzahlen a sind in allen

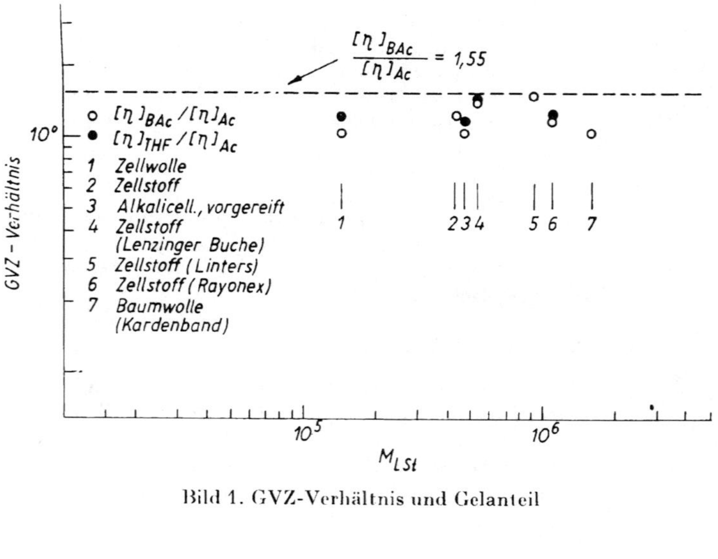

Bild 1. GVZ-Verhältnis und Gelanteil

drei Lösungsmitteln gleich (nämlich $a = 1$). Bild 1 bezieht sich auf Aceton, in dem die Gelbildung, soviel wir wissen, gleichmäßiger und geringer ist als in den anderen Lösungsmitteln. Die Abweichungen nach unten geben daher auch nur an, um wieviel mehr Gelbildung eintritt als in einer Acetonlösung.

2.2. *Ultrafiltration*

Wir wir gezeigt haben [4], ist es möglich, Gelteilchen abzufiltrieren. Leider kommt es hierbei häufig zu einer Fraktionierung, da die offenbar „klettenartigen" Gele auch echte Makromoleküle mitschleppen. Die von uns verwendeten Glassinterfilter Schott G5f (Poren $< 1\ \mu$m) sind sehr rasch verstopft und können dann kaum mehr regeneriert werden. Millipore Duralon Filter (aus Nylon) wären zwar an sich gut, doch werden sie nur mit Poren von 1 µm hergestellt, und diese sind zu groß; die meisten Gele gehen glatt durch. Die Millipore Solvinert-Filter (UH) kann man mit kleineren Poren erhalten. Wir verwendeten solche mit 0,5 µm. Die Filtrationseigenschaften waren befriedigend, doch sind die Filter gegen Aceton nicht völlig beständig; das Brechungsinkrement von Aceton ändert sich nach Durchgang beträchtlich, und eine gelbe Verfärbung tritt auf. Bisher die besten Resultate erzielten wir mit Nuclepore-Filtern von der Arthur H. Thomas Co., die aus Polycarbonat bestehen. Wir verwendeten solche mit 0,8 und 0,5 µm Porengröße. Allerdings haben wir erst vor kurzem begonnen, mit diesen Filtern zu arbeiten, so daß man wohl noch weitere Versuche abwarten muß.

2.3. *Guinier-Zerlegung von Lichtstreuungskurven*

Wie wir bereits mitgeteilt haben [4], kann man die von *Fankuchen* u. a. [6] an kugelförmigen Festkörper-Pulvern entwickelte graphische Zerlegung von *Guinier*-Streukurven auch auf Lösungen anwenden. Die Streufunktion kann dargestellt werden als

$$I_\theta = I_{\theta=0} \cdot \exp\left[-K \cdot R^2 \cdot \sin^2(\theta/2)\right],$$

wobei R = Streumassenradius, θ = Streuwinkel und I = Intensität ist. In der *Guinier*-Auftragung ($\ln I$ gegen $\sin^2(\theta/2)$) ergibt diese Kurve eine Gerade. Jede Streukurve kann in eine endliche Zahl von solchen Geraden zerlegt werden. Der Streumassenradius R ist leicht aus der Steigung erhältlich. Dagegen ist die Ermittlung des Masseanteiles w_i jeder Fraktion schwieriger, da die Intensität I_0 gegeben ist als $I_0 = k \cdot w \cdot m$, wobei m die Masse der Teilchen ist. Der Masseanteil kann bestimmt werden, wenn man die Partikelmasse aus dem Streumassenradius errechnen kann. Dazu braucht man Kenntnisse über die Art der Teilchen. Mein Mitarbeiter *E. Gruber* hat für den Fall, daß die Dichtefunktion gegeben ist, als $\varrho = \text{const} \cdot m^{-a}$ (mit a = Exponent der $[\eta]-M$-Beziehung) den Masseanteil w_i berechnet zu

$$w_i = \frac{I_{0,i}/R_i^{3/(1+a)}}{\sum I_{0,i}/R_i^{3/(1+a)}}.$$

Setzt man für a die Werte 0, 0,5 und 2 ein, so erhält man die Spezialisierungen der Formel für Kugeln, statistische Knäuel und starre Stäbchen.

Eine vernünftige *Guinier*-Zerlegung wird also möglich sein, wenn man die Größe a kennt, und wenn man sie für den ganzen Bereich der Teilchengrößen konstant annehmen darf. Selbstverständlich wird man überdies die Zerlegung bei allen gemessenen Konzentrationen ausführen und die Resultate auf $c = 0$ extrapolieren.

Es seien hier die Resultate einer solchen *Guinier*-Zerlegung für ein Cellulosederivat mitgeteilt, das besonders gelreich war. Es handelt sich um einen Zellstoff, auf den 40% Polymethylmethacrylat aufgepfropft worden waren. Das Produkt wurde nitriert, um es löslich zu machen, und dann in Aceton gelöst. Filtration durch Millipore Solvinert UH-Filter (Poren 0,5 µm) ergaben etwa 40% Rückstand; durch Millipore Duralon NR-Filter (Poren 1 µm) ging die Lösung ohne nennenswerten Rückstand durch. Die Lichtstreuungsmessungen wurden an den durch Duralon-Filter filtrierten Lösungen ausgeführt. Die Streukurven der Konzentrationen $6{,}5 \cdot 10^{-4}$; $4{,}33 \cdot 10^{-4}$; $3{,}1 \cdot 10^{-4}$ und $2{,}26 \cdot 10^{-4}$ g/ml wurden nach *Guinier* aufgetragen und die graphische Zerlegung durchgeführt; als Beispiel ist in Bild 2 die Zerlegung für die kleinste Konzentration dargestellt. Die Auswertung wurde für $a = 0{,}5$ vorgenommen. Diese Annahme ist natürlich die Schwäche der Methode; wir wissen, daß für echte Makromoleküle $a = 1$ ist, während nach unseren Messungen für CTN-Gele a etwa 0,3 wird. Die Annahme eines konstanten a für alle Teilchen stellt daher eine Näherung dar, die um so unsicherer ist, als wir über das a der gepfropften Cellulose überhaupt noch nichts wissen.

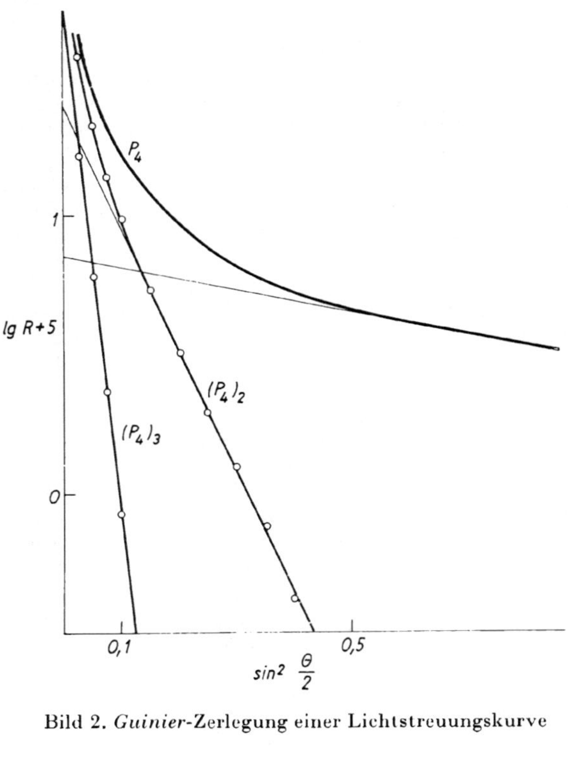

Bild 2. *Guinier*-Zerlegung einer Lichtstreuungskurve

Mit $a = 0{,}5$ erhalten wir für $c = 0$ drei Fraktionen mit folgenden Daten:

Fraktion	R	w
I	200 Å	0,74
II	640 Å	0,17
III	1350 Å	0,09

Sehen wir die Fraktionen II und III als Gele an, so ergeben sich 26%. Dies stimmt mit den abfiltrierten 40% befriedigend überein, wenn wir bedenken, daß im Filtrierrückstand sicher noch zurückgehaltene, verhakte Makromoleküle vorhanden sein werden. Würden wir für a größere Werte einsetzen, so erhielten wir wesentlich höhere Werte für den Prozentsatz der Gele. Grundsätzlich ist also die Methode der *Guinier*-Zerlegung zur Erkennung des Gelanteils geeignet; ihre Präzision muß allerdings noch erhöht werden.

3. *Gele in Netzlösungen*

In Netzlösungen werden Gele gewissermaßen als Keimpunkte für Verhängungsbereiche wirken und daher mit den verhakten Makromolekülen recht ausgeprägte Verhängungsbereiche darstellen, die durchaus bereits als Mikrokristallite ausgebildet sein können. In unserer schematischen Darstellung möglicher Lösungszustände (vgl. Bild 3) wird man daher das Teilbild 5 oder 6 erwarten dürfen. Infolge der großen Verhängungsbereiche werden solche Lösungen trüb sein und auch in ihre rheologischen Eigenschaften gewisse Abweichungen vom Idealnetz (Teilbild 2) zeigen. Darüber soll im folgenden berichtet werden.

3.1. *Der Exponent im Knickdiagramm*

Als Knickdiagramme bezeichnen wir Auftragungen von $\log \eta$ gegen $\log M$; bekanntlich ändert sich beim

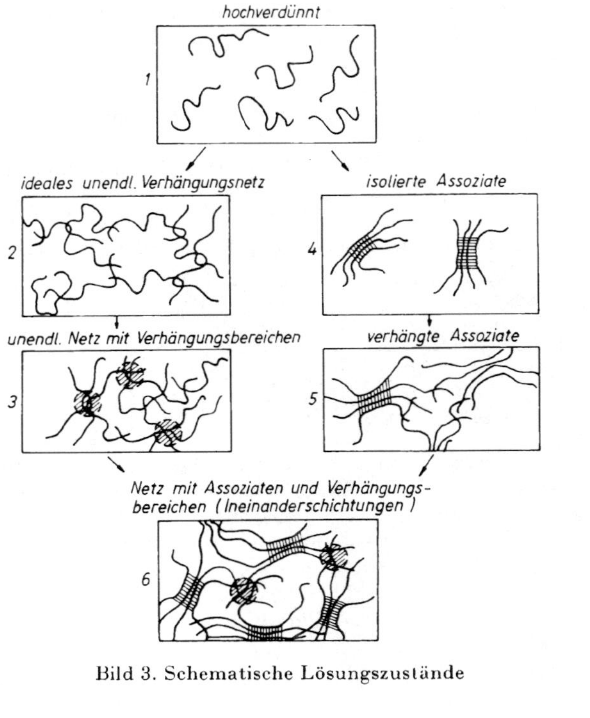

Bild 3. Schematische Lösungszustände

Einsetzen des unendlichen Netzes (bei $M_c = 2M_e$) die Steigung mehr oder weniger abrupt von etwa eins auf 3,5 oder mehr bei $M > 2M_e$. Die Steigung 3,5 soll dem Idealnetz entsprechen. Wenn nun über Verhängungsbereiche bzw. eingebaute Gele mehrere Moleküle starr zu einem Übermolekül vereinigt sind (so daß der Schlüpffaktor $s = 1$ wird), so müssen wir offenbar jeweils x Moleküle der wahren rel. Molekülmasse ersetzen durch ein x-zähliges Übermolekül. Für das Übermolekül sollte der Exponent 3,5 gelten; ist der gemessene Exponent a, so gilt der Zusammenhang

$$(x \cdot M)^{3,5} = M^a \quad \text{bzw.} \quad x = M^{(a-3,5)/3,5}.$$

Man kann also aus dem gemessenen Exponenten a die Zähligkeit x der Gele berechnen, und zwar für bestimmte M-Werte. Für CTN in Butylacetat erhielten wir bei 25 °C die folgenden Werte für den Exponenten a und den „Assoziationsgrad" (Zähligkeit der Übermoleküle) x (für $M = 1 \cdot 10^5$):

$c \cdot 10^2 \cdot$ [g/ml]	0,125	0,25	0,5	1,0	1,5	2,0	3,0
a	3,7	4,4	5,1	5,0	5,1	6,0	5,0
x	1,93	19,4	192	138	192	3750	138

Obwohl die Messungen bei höheren Konzentrationen aus meßtechnischen Gründen nicht sehr genau sind, sieht man doch, daß x mit der Konzentration enorm ansteigt. Das heißt, die Verhängungsbereiche vergrößern sich stark. Die ursprünglichen Gele dürfen wir dabei wohl als die Keime dieser wachsenden Verhängungsbereiche ansehen.

3.2. *Temperaturabhängigkeit von a und x*

Wenn sowohl a als auch x charakteristisch für die Größe der Verhängungsbereiche sind, so sollten beide mit steigender Temperatur abnehmen, da dann weniger Makromoleküle mit dem Gelteilchen verhakt sind bzw. die „Enthakung" leichter vor sich gehen wird. Freilich, die Gelteilchen selbst scheinen unabhängig von der Temperatur zu sein, doch stehen hier genauere Untersuchungen noch aus.

Wir haben für CTN in Butylacetat bei drei Konzentrationen geprüft, wie sich a und x (für $M = 10^5$ berechnet) beim Übergang von 25 auf 40 und 60 °C ändern. Die Resultate sind in der folgenden Tabelle dargestellt:

$M = 10^5$	25 °C		40 °C		60 °C	
c [g/ml]	a	x	a	x	a	x
$3 \cdot 10^{-2}$	5	138	4,5	27	4,3	14
$1,5 \cdot 10^{-2}$	4,7	51	4,4	19	3,9	4
$0,5 \cdot 10^{-2}$	4,4	19	4,2	10	3,8	3

Man sieht deutlich, daß a und x mit steigender Temperatur — und natürlich auch mit sinkender Konzentration — abnehmen. Offensichtlich könnten uns derartige Messungen beträchtliche Auskunft über die Verhängungsbereiche in Netzlösungen geben; man könnte über die Temperaturabhängigkeit auch zu Aktivierungsenergien gelangen und daraus zu Schlüssen über die Festigkeit der beteiligten Bindungen. Leider sind die nötigen Messungen sehr umfangreich, da man in jedem Fall ein ganzes Knickdiagramm braucht, also Messungen an vielen Proben mit verschiedener rel. Molekülmasse ausführen muß, um den Exponenten a genügend genau zu erhalten.

3.3. *Elastizität der Netzlösung mit Verhängungsbereichen*

Wir haben in früheren Arbeiten [7] die Vorstellung entwickelt, daß die Verhängungsnetzlösung in Ruhe neben der Ruheviskosität η_0 durch einen Ruheschermodul G_0 charakterisiert ist, der mit der rel. Molekülmasse der Verhängungsnetzbögen M_e nach $G_0 = (c/M_e) RT$ zusammenhängt. In der strömenden Lösung wird je nach der Größe des herrschenden Schergefälles ein Teil der Elastizität infolge Zerstörung von Verhängungen dissipativ relaxieren, dieser Teil sei G_r. Der Rest bleibt in der strömenden Lösung gespeichert und ist für die Quereffekte, den *Barus*-Effekt und die Rückfederung verantwortlich. Nennen wir den gespeicherten Teil der Elastizität G_s, so sollte gelten

$$G_0 = G_r + G_s,$$

wobei G_r mit steigendem Geschwindigkeitsgefälle ebenfalls ansteigen wird, meist aber kleiner als G_s ist.

Mehrfache Hinweise in der Literatur deuten darauf hin, daß die Elastizität einer Lösung auch von ihrer Polydispersität abhängt. Wir dürfen daher erwarten, daß auch in einer Netzlösung mit steigendem Ausmaß der Verhängungsbereiche die Elastizität der Lösung verändert wird. Wenn wir eine von *Mills* [8] gegebene Formulierung verallgemeinern, so erhalten wir:

$$G_0/G_{\text{gem}} = (M_z/M_w)^x,$$

wobei G_0 der aus M_e errechnete Ruheschermodul ist, und G_{gem} der gemessene Schermodul, also für eine strömende Lösung die Summe $G_s + G_r$. Der Exponent x wird von *Mills* für Schmelzen zu 3,7 angegeben. Die obige Formel erlaubt es also, aus Elastizitätsmessungen auf das Verhältnis M_z/M_w zu schließen, das natürlich durch übermolekulare Gele bzw. die daraus entstehenden Verhängungsbereiche stark vergrößert wird.

Wir haben kürzlich Messungen durchgeführt (und auch schon zum Teil veröffentlicht [9]), an denen diese Vorstellung geprüft werden kann. Es handelt sich um die Zellwolle, die in unserem Bild 1 als Probe 1 eingetragen ist und dort als gelreich klassifiziert wurde. Für die Lösung dieser Substanz in Butylacetat ($c = 14 \cdot 10^{-2}$ g/ml) erhielten wir bei einem Geschwindigkeitsgefälle $D = 3 \cdot 10^4\ \text{s}^{-1}$ aus der Endkorrektur den Wert $G_r = 7{,}13$ dyn/cm², und aus Rückfederungsmessungen in der Kapillare beim gleichen D den Wert $G_s = 221$ dyn/cm². Wir erhalten also $G_r + G_s = 228$ dyn/cm². Aus dem M_e (für die vorliegende Konzentration $M_e = 9 \cdot 10^4$) errechnet sich aber $G_0 = 2760$. Der Quotient der Schermodule ist somit etwa 12 (für diese Abschätzung wollen wir von der Korrektur für die freien Kettenenden, die man an G_0 anbringen müßte, absehen). Wenden wir darauf die obige Formel an, wobei wir für den Exponenten x nicht den *Mills*schen Wert von 3,7, sondern den „theoretischen" Wert 3,5 (*Bueche*) einsetzen, so ergibt sich

$$(M_z/M_w)^{3/5} = 12 \quad \text{bzw.} \quad M_z/M_w = 2{,}1.$$

Wenn wir bedenken, daß 10% (Gewicht) von 10zähligen Übermolekülen das Verhältnis M_z/M_w bereits auf etwa 3 bringen, erscheint der obige Befund vernünftig.

Freilich wird man diesen Weg noch genau prüfen müssen. Insbesondere wird man experimentell untersuchen, wie groß der Exponent x wirklich ist. Jedoch erscheint sicher, daß die Gegenwart von übermolekularen Teilchen bzw. Verhängungsbereichen zu einer Verringerung des Schermoduls der Lösung führt. Möglicherweise tritt bei Gegenwart von Gelen der Zustand der Netzlösung auch früher ein, indem die Gele gewissermaßen als „Bindungsvermittler" fungieren, und auch kurze Molekülenden festhalten, die sonst noch völlig frei abgleiten würden. Eine Verhängung über Gele wird jedenfalls viel fester sein als über reine geometrische Verschlingungen; das Netz ist daher starrer, weniger „nachgiebig" und liefert ein kleineres G.

4. *Natur und Gestalt der Gele*

Über die Natur der Gele bestehen heute begründete Vorstellungen. Wie unsere Röntgenmessungen [10] ergeben haben, enthalten die Gele Reste von offenbar nichtumgesetzter Cellulose I, insbesondere die A_4- und A_5-Reflexe treten deutlich auf. Das deutet darauf hin, daß die Bindungen in der (am stärksten gebundenen) A_2-Richtung noch weitgehend intakt sind. Wir können uns also denken, daß wenigstens die Kerne der Gele aus „Heizkörpern" von Celluloseketten bestehen, also einen schichtartigen Aufbau haben. Damit stimmt überein, daß Gele einen etwas verminderten Stickstoffgehalt von 13,3% aufweisen.

Leider wissen wir über die wahre Gestalt der Gele recht wenig. Offenbar sind sie anisotrop, und ihr Volumenbedarf hängt wenig von der rel. Molekülmasse ab. Wir haben schon früher einige Spekulationen über die Gestalt der Gele veröffentlicht [10] und möchten das nicht weiter fortsetzen. Immerhin soll bemerkt werden, daß die bändchenförmige Gestalt des nativen Cellulosekristallites manche Befunde klären könnte: die Kristallitlänge von 500 bis 700 Å mit den herausragenden Fransen würde für den großen Streumassenradius verantwortlich sein. Der Streumassenradius R ist für ein Parallelogramm mit den Seiten A, B und C:

$$R^2 = (A^2 + B^2 + C^2)/12.$$

Nehmen wir als Richtwerte für den Kristallit $A = 60$, $B = 30$ und $C = 800$ Å, so spielt in der obigen Formel nur mehr C eine Rolle und man erhält für R den Wert 2300 Å. Ferner darf man vielleicht annehmen, daß die Kristallite beim Lösen schichtenweise abgetragen werden (entlang der Höhe B). Eine Schicht (die also etwa 800 Å lang ist und 60 Å breit) ergäbe nitriert eine rel. Molekülmasse von ungefähr $1{,}5 \cdot 10^6$; mit wenigen Schichten kommt man also schon in den Bereich, der den Gelen zukommt. Außerdem aber würde dieser schichtenartige „Anbau" an der Anisotropie (Achsenverhältnis) des Körpers wenig ändern, so daß verständlich wird, daß hier die GVZ nur sehr wenig von der rel. Molekülmasse abhängig ist. Eine wichtige Rolle spielen natürlich die herausragenden Fransen, sie können sich mit anderen Molekülen, auch mit anderen Gelteilchen verhängen. Übrigens könnte man einen Fransenkristallit auch als ein hochverzweigtes Molekül mit einem dichten Kern auffassen; für stark verzweigte Moleküle aber ist von der Theorie her ein Exponent von 0,25 in der Viskositätsgleichung zu erwarten; dies stimmt ebenfalls mit unseren Befunden gut überein. Selbstverständlich ist vorderhand all das Gesagte Spekulation. Der nächste Schritt muß sein, die Gele sauber zu isolieren und zu untersuchen, dann würden wir die fehlende Information bald haben!

Auf alle Fälle aber sind wir überzeugt, daß für alle Cellulosederivate der Gelanteil eine wichtige und im allgemeinen stets präsente Tatsache ist; zusätzlich könnte er eine wichtige analytische Bestimmungsgröße werden. Es ist eigentlich erstaunlich, daß dennoch die Gele fast stets einfach ignoriert werden. Nähme man sie zur Kenntnis, so würden wahrscheinlich viele der Widersprüche und unverstandenen Phänomene, die beim Arbeiten mit Cellulosederivaten auch heute noch auftreten, von selbst verschwinden.

Zusammenfassung

Lösungen von Cellulosetrinitrat enthalten fast immer einen übermolekularen Gelanteil, der in früheren Arbeiten schon mit der Lichtstreuung nachgewiesen wurde. Die Grenzviskositätszahl (GVZ) wird durch die Gele scheinbar verkleinert; mißt man in zwei verschiedenen Lösungsmitteln, so kann das Verhältnis der GVZ als Hinweis auf den Gelanteil betrachtet werden; es wird vom Wert, der gelfreien Lösungen entspricht, um so mehr abweichen, je mehr Gele vorhanden sind. Durch Ultrafiltration ist eine Abtrennung der Gele möglich, jedoch ist damit vorderhand noch stets eine Fraktionierung verbunden, da die verfügbaren Filter nicht mehr geeignet sind. Ferner ist eine Analyse durch graphische Zerlegung der nach *Guinier* aufgetragenen Lichtstreuungskurven möglich, wenn man die Dichtefunktion der Gele kennt. In der Verhängungsnetzlösung wirken die Gele gewissermaßen als Verstärkungen. Sie erhöhen den Exponenten der Beziehungen Viskosität/rel. Molekülmasse über den nach *Bueche* zu erwartenden Wert von 3,5. Ferner erniedrigen die Gele den Schermodul der Lösung, wahrscheinlich, weil wegen der Materialballung weniger Netzbögen pro Volumen vorliegen. Es wird vermutet, daß die Gele Reste von Cellulose-I-Kristalliten sind, die somit unvollständig substituiert sind. Das würde ihren erniedrigten Stickstoffgehalt erklären sowie das Auftreten von gewissen Röntgeninterferenzen. Denkt man sich die Gele schichtförmig wachsend, so versteht man, daß ihr Volumenbedarf und daher die GVZ nur wenig von der rel. Molekülmasse abhängt (experimentell wurde der Exponent 0,29 gefunden).

Literatur

[1] *Schurz, J.:* Bericht über das Rundgespräch für Cellulosechemiker über den Lösungszustand der Cellulose in verdünnten und technischen Lösungen, Baden-Baden 1961. Papier **15** (1961) 12, S. 726–743.
Schurz, J., Hemetsberger, H., und *Pippan, H.:* Untersuchungen an Lösungen von Cellulosenitrat in Butylacetat. Holzforschung 18 (1964) 5, S. 142–145.
Schurz, J.: Der Lösungszustand von Cellulosenitrat in Butylacetat. Faserforsch. u. Textiltechnik **15** (1964) S. 598–605.
Schurz, J.: Neuere Untersuchungen über den Lösungszustand von Celluloselösungen. In: Abh. dt. Akad. Wiss., Kl. Chemie, Geologie, Biologie Nr. 3. Berlin: Akademie-verlag 1965, S. 113–122.
Schurz, J.: Supermolecular gels in cellulose nitrate solutions. Polymer, London **7** (1966) 9, S. 475–477.

[2] *Meyerhoff, G.:* Die viskosimetrische Molekulargewichtsbestimmung von Polymeren. Fortschr. Hochpolymeren-Forsch. **3** (1961) 1, S. 59–105.

Schurz, J.: Strukturrheologische Untersuchungen an konzentrierten Polymerlösungen. Kolloid-Z./Z. Polymere **227** (1968) 1/2, S. 72—86.
Schurz, J.: Strukturrheologische Untersuchungen an konzentrierten Lösungen, Schmelzen und Pasten. Papier **22** (1968) 9, S. 529—533.
[3] *Gröbe, A., Maron, R.,* und *Purz, H.-J.:* Darstellung des Lösungszustandes verdünnter Na-Cellulosexanthogenatlösungen im Elektronenmikroskop. In: Bericht über das Rundgespräch für Cellulose-Chemiker über den Lösungszustand in verdünnten, konzentrierten und technischen Celluloselösungen in Baden-Baden 1966. Zusammengestellt von *J. Schurz.* Papier **21** (1967) 1, S. 15—17.
[4] *Schurz, J.:* Untersuchungen an Lösungen von Cellulosenitrat in Butylacetat. Papier **15** (1961) 10, S. 530—538.
[5] *Gröblinghoff, H. G.:* Beiträge zur Bestimmung der Polymolekularität von Hochpolymeren. Dissertation Universität Graz 1961.
[6] *Jellinek, M. H., Solomon, E.,* und *Fankuchen, I.:* Messung und Analyse von Röntgenstrahlenstreuung unter kleinem Winkel. Ind. engng. Chem., analyt. Ed. **18** (1946) S. 172—175.
[7] *Schurz, J.:* Rheological structure investigations with concentrated polymer solutions. Trans. rheol. Soc. (im Druck).
[8] *Mills, N. J.:* Nature, London **219** (1968) S. 1249—1250.
[9] *Schurz, J., Lederer, K.,* und *Schmidt, K. H.:* Rheologische Messungen an Cellulosenitratlösungen als Modell für eine viskoelastische Flüssigkeit. Papier **23** (1969) 3, S. 125—129.
[10] *Schurz, J.:* Verdünnte Lösungen. Referat des Vortrages, gehalten beim Rundgespräch für Cellulosechemiker über den Lösungszustand in verdünnten, konzentrierten und technischen Celluloselösungen in Baden-Baden 1966. Papier **21** (1967) S. 10—13.
Eingegangen am 23. Mai 1969

Zur heterogenen Umsetzung von Cellulosefasern mit α-Chloracrylnitril

Todor Lukanoff, Burkart Philipp und Fritz Loth
Deutsche Akademie der Wissenschaften zu Berlin, Institut für Faserstoff-Forschung in Teltow-Seehof

DK 661.728.32:677.463.061.43:547.339.211:541.124:543.227:677.016.673.3/.4

In Abhängigkeit von den Reaktionsbedingungen wurde die Umsetzung von Cellulosefasern mit α-Chloracrylnitril untersucht. Die nach einem „umgekehrten Zweibadverfahren" erhaltenen Produkte waren vor und nach einer „Dechlorcyanäthylierung" in Cuoxam unlöslich und wiesen alle ein „Chlordefizit" auf. Mögliche Ursachen für dieses Verhalten werden diskutiert.

О гетерогенной реакции целлюлозных волокон с α-хлоракрилонитрилом

Исследована зависимость взаимодействия целлюлозных волокон с α-хлоракрилонитрилом от условий реакции. Полученные по „обратному" двухванному способу продукты не растворялись в куоксаме как до, так и после реакции „дехлорцианэтилирования" и все без исключения показали „дефицит" хлора. Проведено обсуждение возможных причин этого явления.

The Heterogeneous Reaction of Cellulose Fibres with α-Chloroacrylonitrile

The effect of the reaction conditions on the reaction of cellulose fibres with α-chloroacrylonitrile has been investigated. The products obtained by a "reverse two-bath process" proved insoluble in Cuoxam prior to and after dechlorocyanoethylation and revealed deficiency in chlorine content. Possible causes of the effects observed are discussed.

1. *Einführung*

Während die Cyanäthylierung der Cellulose präparativ und kinetisch wie auch hinsichtlich einer Veränderung der textilen Eigenschaften der Fasern eingehend untersucht ist [1], befaßten sich bisher nur wenige Arbeiten mit der Umsetzung zwischen Cellulose und Derivaten des Acrylnitrils. Hinsichtlich der Umsetzung mit dem seit kurzem als technisches Produkt zugänglichen α-Chloracrylnitril (ClAN) wurde uns bisher nur eine Mitteilung von *Schweiker* [2] sowie eine Redaktionsnotiz [3] bekannt, wonach eine Pfropfung mit ClAN wesentliche textile Eigenschaften von Baumwolle entscheidend verbessern soll und vor allem zu einer Festigkeitserhöhung und einem Rückgang der Wasseraufnahme führt, ohne daß dabei Einzelheiten zum Verlauf der Umsetzung mitgeteilt wurden. Erwähnt seien in diesem Zusammenhang außerdem ein Patent von *Bullock, Mack* und *Guthrie* [4], das ein Verfahren zur Vernetzung von Cellulosefasern mittels Halogenacrylsäuren beschreibt, und zwei Mitteilungen von *Jusupbekov* u. Mitarb. [5] über Herstellung und bakteriostatische Wirkung einer durch Umsetzung mit α,β-Dichlorpropionsäure erhaltenen Chlorcarboxyäthylcellulose. Im Anschluß an unsere bereits veröffentlichten Arbeiten über die Reaktionsfähigkeit von α,β-ungesättigten Nitrilen bei der *Michael*-Addition von Cellulose [6] und über die gleichzeitige Umsetzung von Alkalicellulose mit CS_2 und Acrylnitril (AN) [7] erschien uns eine systematische Untersuchung der heterogenen Umsetzung von Cellulosefasern mit ClAN von Interesse, deren wesentliche Ergebnisse im folgenden zusammengefaßt werden.

2. *Bemerkungen zur Versuchsführung*

Als Ausgangsmaterial der systematischen Untersuchungen dienten zwei Faserproben mit möglichst unterschiedlicher übermolekularer Struktur, nämlich eine kommerzielle Reifencordseide (Super-II-Cordseide des VEB SKW Pirna, DP in Cuoxam = 385) und gebeuchte und gebleichte Baumwoll-Linters für die Acetylierung (DP = 1550). Die Umsetzung mit ClAN wurde zunächst nach dem zur Cyanäthylierung üblichen „Zwei-Bad-Verfahren" (vgl. [8]) durch Tränken des Fasermaterials mit wäßriger NaOH (Konzentrationsbereich 1 bis 2%, 20 °C, 1 h, Flottenverhältnis 1:30), Abpressen auf einen Preßfaktor von 2,5 und anschließende Umsetzung mit einem 20fachen Überschuß von ClAN (reinst, Fluka-Schweiz) zumeist bei einer Temperatur von 60 °C während bestimmter Zeit vorgenommen, wobei das Cellulosematerial vorher in einer Schlagkreuzmühle zu Watte zerkleinert wurde. Zur Erreichung höherer Umsatzgrade diente ein „umgekehrtes Zwei-Bad-Verfahren", d. h. Tränken der Cellulose mit ClAN, Abquetschen auf einen Preßfaktor von 2,5 bis 10 und Umsetzung mit wäßriger Natronlauge unter den jeweils angegebenen Bedingungen bei einem Flottenverhältnis von etwa 1:30. Die Umsetzungsprodukte wurden mit 5%iger Essigsäure neutralisiert, gründlich mit Wasser und dann mit Äthanol gewaschen und bei 60 °C getrocknet. Einige orientierende Versuche befaßten sich mit der Umsetzung eines nach *Avny* und *Rebenfeld* [9] hergestellten Na-Cellulosates mit ClAN sowie mit dem Einfluß eines ClAN-Zusatzes im Viskoseprozeß, indem mit CS_2/ClAN-Gemischen eine Faserxanthogenierung vorgenommen wurde. Eine Abspaltung der durch die Umsetzung an Cordseide bzw. Linters eingeführten Substituenten versuchten wir nach der früher für Cyanäthylcellulose entwickelten Methode [10], einer Behandlung mit 0,5 n NaOH in einem Dimethylsulfoxid/Wasser-Gemisch (1:1 Volumenteile), vorzunehmen.

Zur Charakterisierung der bei der Umsetzung mit ClAN erhaltenen Produkte diente zunächst der Gehalt an Stickstoff (nach *Kjeldahl* bestimmt) und Chlor (Verbrennung nach *Schöniger*) sowie die Löslichkeit bzw. das Quellverhalten in Cuoxamlösung. Bei einigen Proben wurde zusätzlich das IR-Spektrum aufgenommen und das thermische Verhalten durch Registrierung der TG- und DTG-Kurve im Derivatographen nach *Paulik*, *Paulik* und *Erdey* [11] charakterisiert.

Um die Auswirkung einer Behandlung mit ClAN auf die textilphyikalischen Eigenschaften abzuschätzen, wurde Cordseide im Strang unter verschiedenen Bedingungen nach dem „umgekehrten Zwei-Bad-Verfahren" mit ClAN behandelt und dann nach Waschen und Trocknen die Kraft-Dehnungs-Kennlinie und das Wasserrückhaltevermögen [12] bestimmt.

3. *Versuchsergebnisse und ihre Auswertung*

Die wesentlichen Ergebnisse zum unter den Bedingungen des „normalen" wie des „umgekehrten" Zweibadverfahrens erreichbaren Umsetzungsgrad und zum zeitlichen Verlauf der Umsetzung mit ClAN sollen anhand der Tabelle 1 und Bild 1 besprochen werden. Hierbei charakterisierten wir den Umsetzungsgrad durch γ_N- und γ_{Cl}-Werte, die aus dem Stickstoff- und Chlorgehalt der Präparate unter der Annahme berechnet werden, daß ausschließlich eine normale Verätherung und keine Pfropfung stattfindet, also die sog. „molare Substitution" gleich dem Substitutionsgrad ist. Entgegen unseren Erwartungen verlief die Umsetzung mit ClAN bei Anwendung des normalen Zweibadverfahrens wesentlich träger als eine Cyanäthylierung mit Acrylnitril und führte nur zu maximalen γ_N-Werten von etwa 10, verglichen mit γ_N-Werten bis zu 50 (vgl. [6]) bei Umsetzung mit AN. Im „umgekehrten" Zweibadverfahren ließ sich zwar wesentlich

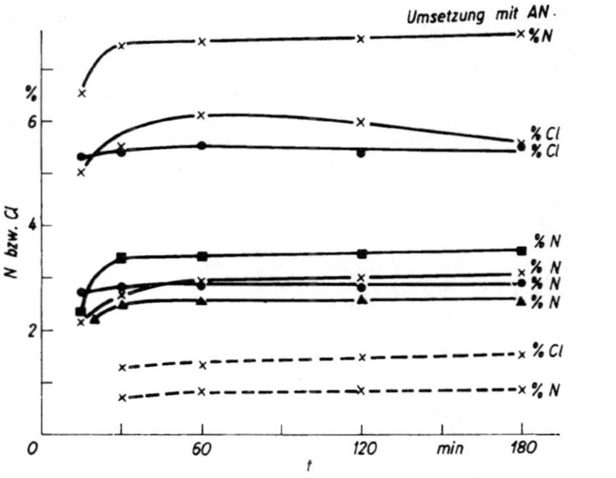

Bild 1. Zeit-Umsatzkurven für Umsetzung von Linters bzw. Cord mit α-Chloracrylnitril („umgekehrtes" Zweibadverfahren)

——— Cord — — — Linters
▲ 1% NaOH/50°C ■ 4% NaOH/50°C
× 2% NaOH/50°C ● 2% NaOH/70°C

mehr Stickstoff und Chlor in die Cellulose einführen, doch konnten auch hier γ_N-Werte von etwa 60 nicht überschritten werden. Im Vergleich zur Cyanäthylierung ist nicht nur der maximal erreichbare Umsetzungsgrad, sondern sehr wahrscheinlich auch die Geschwindigkeit des anfänglichen raschen Reaktionsstadiums geringer. Die Form der Zeit-Umsatz-Kurven (% N im Präparat gegen Reaktionszeit im zweiten Bad) unterscheidet sich dagegen kaum von denen bei einer Cyanäthylierung mit AN. Ähnlich ist bei beiden Reaktionen auch der recht ausgeprägte Einfluß der übermolekularen Struktur des Cellulosepräparats auf den maximal erreichbaren γ-Wert und der ebenfalls deutliche Einfluß der NaOH-Konzentration, indem deren Erhöhung zu einem Anstieg des maximalen γ_N-Wertes führt. Als auffallend groß erweist sich beim „umgekehrten" Zweibadverfahren der Einfluß des Abpreßgrades der Probe nach dem Tränken mit ClAN im ersten Bad auf den nach dem zweiten Bad erreichbaren maximalen N- und Cl-Gehalt, indem dieser bis zu einem größtmöglichen Preßfaktor von ca. 10 (ca. 900% Gewichtszunahme) stetig anstieg. Wenn auch dieser Anstieg im Bereich hoher Preßfaktoren flacher verlief, so wurde doch die Reproduzierbarkeit unserer Versuche zum zeitlichen Verlauf

Tabelle 1. Einfluß der Reaktionsbedingungen im zweiten Bad auf die Umsetzung von Viskosecordseide bzw. Baumwoll-Linters nach dem „umgekehrten Zweibadverfahren"

Konz. NaOH [%]	Temperatur [°C]	Abpreßfaktor	Material	γ_N 30	γ_N 60	γ_N 120 min	γ_{Cl} 30	γ_{Cl} 60	γ_{Cl} 120 min
				Reaktionszeit			Reaktionszeit		
1	50	7,5	Viskosecordseide	34,3	35,3	36,2	30,7	31,3	29,0
2	50	7,5	Viskosecordseide	37,2	41,0	43,2	29,1	32,9	32,0
4	50	7,5	Viskosecordseide	49,4	50,1	50,5	33,7	33,8	32,3
2	50	7,5	Viskosecordseide	37,2	41,0	43,2	29,1	32,9	32,0
2	70	7,5	Viskosecordseide	39,8	40,0	39,3	28,5	29,3	28,3
2	50	10,0	Viskosecordseide		54,2			36,6	
2	50	7,5	Viskosecordseide		41,0			32,9	
2	50	3,8	Viskosecordseide		27,6			18,5	
2	50	2,8	Viskosecordseide		12,3			8,05	
2	50	7,5	Linters	8,29	9,85	11,4	6,16	6,16	7,24

Tabelle 2. Einfluß des Reaktionsmediums auf die Umsetzung von Viskosecordseide mit ClAN nach dem „normalen Zweibadverfahren"

Reaktionsbedingungen im ersten Bad	zweiten Bad	γ_N	γ_{Cl}
1% NaOH 1 h	100% ClAN 1h 60 °C	11,6	10,1
1% NaOH 1 h	10% ClAN + 90% DMSO 1 h 75 °C	13,8	7,2
2% NaOH 1 h	10% ClAN + 90% DMF 1 h 75 °C	26,9	19,8
1% NaOH 1 h	10% ClAN + 90% DMF 20 h 20 °C	21,1	10,9
(Na-Cellulosat)	100% ClAN 1h 60 °C	7,3	0,5
(Na-Cellulosat)	100% ClAN 20 h 29 °C	7,1	2,7

Tabelle 3. Abspaltung von Äthergruppen aus mit AN und ClAN umgesetzter Viskosecordseide

Umsetzungsbedingungen	γ_N	γ_{Cl}	Behandlung mit 0,5 N NaOH in DMSO/H_2O	nach Behandlung γ_N	nach Behandlung γ_{Cl}
AN 2% NaOH 1 h 50 °C	122	0	1 h/65 °C	1,2	0
ClAN 2% NaOH 1 h 75 °C (umgekehrte Zweibadmethode)	36,1	26,4	1 h/65 °C	7,4	5,0
			3 h/65 °C	6,0	2,1

der Umsetzung auch noch bei einem Preßfaktor von ca. 7,5 im wesentlichen von der Gleichmäßigkeit des Abpressens bestimmt.

Der Versuch, durch Umsetzung an nach *Avny* und *Rebenfeld* [9] bereitetem Na-Cellulosat mit ClAN zu höheren Substitutionsgraden zu gelangen, führte nicht zu dem gewünschten Erfolg. Hingegen ließ sich eine gewisse Anhebung des γ_N-Wertes erreichen durch einen Wechsel im Reaktionsmedium, wenn bei Anwendung des „normalen" Zweibadverfahrens im zweiten Bad nicht reines ClAN, sondern eine Lösung von ClAN in Dimethylformamid eingesetzt wurde, während die Verwendung von Dimethylsulfoxid anstelle von Dimethylformamid nur einen unerheblichen Anstieg in γ_N brachte. Der Berechnung der in Tabelle 2 aufgeführten γ_N- und γ_{Cl}-Werte wurde zunächst wieder die Annahme einer „normalen" Verätherungsreaktion mit ClAN zugrunde gelegt.

Während mit AN unter den Bedingungen des „normalen" Zweibadverfahrens ausschließlich die Verätherung bis zu hohen Substitutionsgraden tatsächlich stattfindet und sich die Cyanäthylgruppen mittels NaOH in DMSO/Wasser-Gemischen (vergl. [10]) quantitativ wieder abspalten lassen, verläuft die Umsetzung mit ClAN weniger übersichtlich und führt mit Sicherheit nicht ausschließlich zu Chlorcyanäthylgruppen. Hierfür sprechen: eine mit dem N- und Cl-Gehalt zunehmende Braunfärbung der Produkte; eine stets, wenn auch in unterschiedlichem Maße vorhandene Differenz zwischen γ_N- und γ_{Cl}-Wert; eine auf Vernetzung und/oder Pfropfung hindeutende unvollständige Löslichkeit der Proben mit höherem N- und Cl-Gehalt in Cuoxam; sowie schließlich die Tatsache, daß sich durch Alkalibehandlung in DMSO Stickstoff und Chlor nicht quantitativ entfernen lassen und die Proben auch nach einer solchen „Dechlorcyanäthylierung" in Cuoxam unlöslich bleiben (Tabelle 3).

Das „Chlordefizit" der Präparate nahm absolut $(\gamma_N - \gamma_{Cl})$ und auch relativ $\left(100 \cdot \frac{\gamma_N - \gamma_{Cl}}{\gamma_N}\right)$ mit steigendem Substitutionsgrad generell zu (Bild 2), wobei sich insofern ein Einfluß der Reaktionsbedingungen wie auch der Celluloseprobe zeigte, als die Größe $100 \cdot \frac{\gamma_N - \gamma_{Cl}}{\gamma_N}$ mit steigender Reaktionstemperatur zunahm und bei Baumwoll-Linters im Vergleich zu Viskosecordseide schon bei niedrigen γ_N-Werten einen recht hohen Betrag erreichte. Beim Übergang zu DMF oder DMSO als Reaktionsmedium wurden ebenfalls die unter Cl-Abspaltung verlaufenden Umsetzungen begünstigt. Als unlöslich in Cuoxam erwiesen sich alle nach dem „normalen" wie dem „umgekehrten" Zweibadverfahren erhaltenen Proben mit γ_N-Werten von 12 und darüber, während bei γ_N-Werten bis etwa 8 eine, wenn auch manchmal recht langsame, Auflösung beobachtet wurde. Durch Umsetzung mit AN erhaltene Cyanäthylcellulosen sind hingegen bis zu γ_N-Werten von ca. 70 sehr rasch und vollständig in Cuoxam löslich.

Neben einer Verätherung unter Einführung von Chlorcyanäthylgruppen könnte bei der Umsetzung zwischen Cellulose und ClAN stattfinden:

1. Die Bildung von homopolymerem Poly-α-Chloracrylnitril;
2. eine Aufpfropfung von Poly-α-Chloracrylnitril-Seitenzweigen auf die Cellulosekette;
3. eine Vernetzung zwischen Celluloseketten, indem Chlorcyanäthylgruppen an ihren reaktionsfähigen Stellen (—Cl, —C≡N) mit OH-Gruppen der Cellulose weiterreagieren.

Eine gewisse Entscheidung zwischen diesen Möglichkeiten versuchten wir herbeizuführen, indem in einer Art „Blindversuch" ClAN in wäßriger NaOH bei höhe-

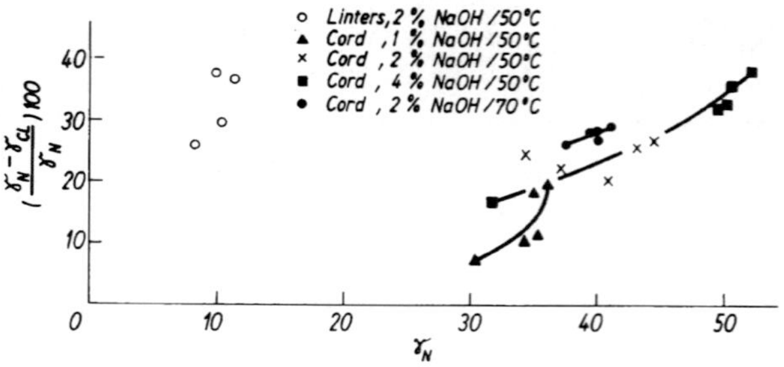

Bild 2. Relatives Chlordefizit $(\gamma_N - \gamma_{Cl})/\gamma_N \cdot 100$ in Abhängigkeit vom Substitutionsgrad γ_N

ren Temperaturen behandelt und das dabei erhaltene Produkt dann hinsichtlich seines IR-Spektrums, seiner Löslichkeit in verschiedenen Medien und seines Verhaltens unter den Bedingungen einer Acetolyse mit den Umsetzungsprodukten von Cellulose mit ClAN verglichen wurde. Bei 2 h Behandlung von 20 ml ClAN mit 100 ml 2%iger NaOH bei 70 °C erhielten wir ca. 0,5 g einer braunen Fällung, die in Wasser, Äthanol, Dimethylformamid, Dimethylsulfoxid und Aceton unlöslich war, und die wir auf Grund der Analysenwerte (17,0% N, 22,2% Cl) in Übereinstimmung mit den IR-spektroskopischen Angaben anderer Autoren [13] als teilweise dehydrochloriertes Poly-α-Chloracrylnitril (theoretischer N-Gehalt 16,01%, theoretischer Cl-Gehalt 40,54%) ansprechen möchten. Unter den Bedingungen einer energischen Acetolyse (2 h auf 95 °C in Eisessig/Acetanhydrid = 1:1 erhitzt) blieb diese Fällung zu mehr als 90% ungelöst. Bei einer Acetolyse der aus Cellulose und ClAN erhaltenen Reaktionsprodukte wurde dagegen unter gleichen Bedingungen vollständige Auflösung erreicht; unter milden Bedingungen ging das Produkt teilweise in Lösung, wobei der Rückstand keinerlei Zunahme, sondern eher eine Abnahme im N- und Cl-Gehalt zeigte. Wir möchten hieraus schließen, daß in den Umsetzungsprodukten zwischen Cellulose und ClAN weder merkliche Mengen an homopolymerem Poly-α-Chloracrylnitril noch Pfropfpolymerisate mit wenigen langen Seitenketten vorliegen. Zwischen Pfropfpolymeren mit kurzen Seitenketten und vernetzten Reaktionsprodukten ist zunächst keine endgültige Entscheidung möglich, doch weist die Unlöslichkeit in Cuoxam auch nach weitgehender Abspaltung von Chlor und Stickstoff durch „Dechlorcyanäthylierung" eher auf eine Vernetzung hin. Dies stünde auch im Einklang mit einer Feststellung von *Rogovin* [14], wonach bei Pfropfprodukten der Cellulose mit AN erst bei Gewichtszunahmen oberhalb von etwa 20% Unlöslichkeit in Cuoxam auftritt. Die von uns erhaltenen IR-Spektren widersprechen dieser Vorstellung keineswegs, liefern allerdings dafür auch kaum zusätzliches Beweismaterial. Das weitgehende Fehlen einer —C≡N-Bande bei ca. 2250 cm^{-1} in den Umsetzungsprodukten von Cellulose mit ClAN entspricht durchaus den Feststellungen an Modellsubstanzen von Oligomeren des ClAN [15] und kann nicht unbedingt als Beweis für ein vernetzendes Weiterreagieren der —C≡N-Gruppierung angesehen werden. Eine bei 1740 cm^{-1} im Spektrum auftretende Schulter ist wahrscheinlich einer >C = 0-Schwingung in einer Carboxylgruppe zuzuschreiben, da sie nach der Dechlorcyanäthylierung noch ausgeprägter wird. Dagegen scheint die Bande bei 1695 cm^{-1} von einer Amidvalenzschwingung zu stammen, was ihr Verschwinden bei der Dechlorcyanäthylierung erklären würde. Man könnte auf eine alkalische Verseifung der $-C\langle{}^{O}_{NH_2}$-Gruppierung zur Carboxylgruppe schließen, obwohl andererseits bei Behandlung der Umsetzungsprodukte von Cellulose und ClAN mit 10%iger H_2SO_4 4 h bei 40 °C keine signifikante Änderung im mittels einer Methylenblaumethode [16] bestimmten Carboxylgehalt eintrat.

Die Derivatogramme im Bild 3 lassen für die mit ClAN bis zu einem γ_N-Wert von etwa 60 umgesetzte Probe eine gegenüber dem nur mit NaOH behandelten Ausgangspräparat zwar bei niedrigerer Temperatur beginnende, aber im ganzen bedeutend langsamer verlaufende Gewichtsabnahme erkennen. Hingewiesen sei auf die im Derivatogramm der mit ClAN behandelten Probe auftretende Schulter bei 230 °C, die wahrscheinlich einer Dehydrochlorierung zuzuschreiben ist [13]. Ein Gewichtsverlust von 50% wird unter den hier gewählten Aufheizbedingungen für die unbehandelte Celluloseprobe schon bei 310 °C, für das mit ClAN umgesetzte Präparat dagegen erst bei 370 °C erreicht. Eine Cyanäthylierung mit AN bis zum gleichen γ_N-Wert brachte dagegen im Vergleich zu unbehandelter Cellulose keine signifikante Änderung im Verlauf der TG- und DTG-Kurve. Aus unseren Ergebnissen könnte man in Übereinstimmung mit den an Poly-α-Chloracrylnitril erhaltenen Befunden [13] schließen, daß die Chlorcyanäthylcellulose als solche sicher nicht temperaturbeständiger ist als Cellulose oder Cyanäthylcellulose, sondern vielmehr schon bei relativ niedriger Temperatur HCl abspaltet, wobei dann dieses dehydrochlorierte und wahrscheinlich eine größere Anzahl von C=C-Doppelbindungen enthaltende Produkt gegenüber einer thermischen Zersetzung ziemlich resistent ist.

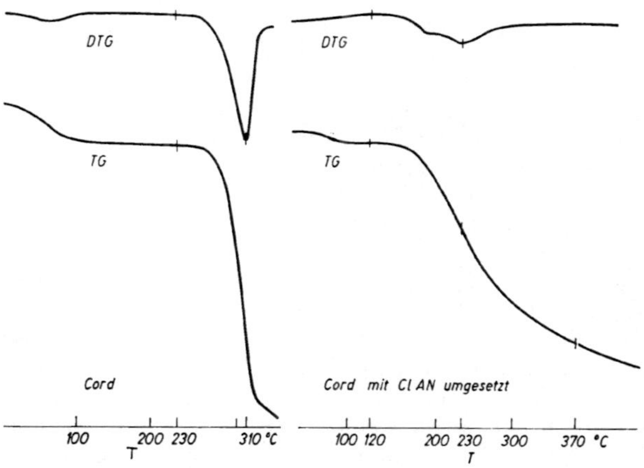

Bild 3. TG- und DTG-Kurven von Chlorcyanäthylcellulose im Vergleich zur Ausgangscellulose (Aufheizgeschwindigkeit 2,8 grd/min, Einwaage 90 mg)

Bei der Umsetzung einer Viskosecordseide in Strangform mit ClAN konnten wir im Gegensatz zu der zu Watte aufgeschlagenen Probe auch nach dem „umgekehrten" Zweibadverfahren bei einem Preßfaktor von 2,8 im ersten Bad nur γ_N-Werte von etwa 15 erreichen. Bei diesem Substitutionsgrad führten sowohl eine Behandlung mit ClAN wie mit AN zu einer Reißkraftabnahme von ca. 30% und einem erheblichen Anstieg der Reißdehnung auf etwa das Doppelte des Ausgangswertes, wobei erstere zum Teil und letztere ausschließlich auf die durch die NaOH-Behandlung bedingten Änderungen der übermolekularen Faserstruktur zurückzuführen ist und der eigentlichen chemischen Umsetzung mit AN bzw. ClAN allenfalls ein Teil der Reißkraftabnahme zuzuschreiben ist. Das Wasserrückhaltevermögen nimmt erstaunlicherweise nach ClAN-Behandlung ($\gamma_N \sim 15$) nicht ab, sondern zu, und zeigt keine wesentlichen Unterschiede zu einer bis zum gleichen γ_N-Wert cyanäthylierten Probe, obwohl im

Gegensatz zur Umsetzung mit AN bereits eine Unlöslichkeit in Cuoxam vorliegt. Hingegen liegt die bei 65% relativer Feuchtigkeit bei 20 °C sorbierte Wasserdampfmenge mit 12,8% nach Umsetzung von Celluloseflocke mit ClAN bis zum γ_N-Wert von 53 wesentlich niedriger als bei der Ausgangsprobe mit 16,5%, unterscheidet sich aber wiederum nicht von dem einer bis zum gleichen γ_N-Wert cyanäthylierten Probe.

Ähnlich wie mit anderen Celluloseäther bildenden Agentien [7, 17] untersuchten wir auch bei ClAN den Einfluß auf Xanthogenierung und Reife von Viskose. Bei der Faserxanthogenierung technischer Alkalicellulose mit einem Gemisch von CS_2 und ClAN (1 mol CS_2 pro C_6 + 1 mol ClAN pro C_6) erhielten wir bei 28 °C und Reaktionszeiten zwischen 0,5 und 3 h γ_N-Werte in der erwarteten Größenordnung von 10 bis 15. Erstaunlicherweise trat gleichzeitig eine erhebliche Hemmung der Xanthogenatbildung ein, indem die γ_x-Werte den bereits nach 0,5 h gefundenen Wert von ca. 15 auch nach 3 h Reaktionszeit nicht überschritten, während bei der Umsetzung von Alkalicellulose mit einem Gemisch von CS_2 und AN unter gleichen Bedingungen γ_N-Werte von ca. 45 bis 50 erreicht wurden. Die unter ClAN-Zusatz erhaltenen Reaktionsprodukte lösten sich nur zu ca. 50 bis 70% in 4%iger NaOH und waren damit im Rahmen des Viskoseprozesses ohne praktisches Interesse.

4. *Zusammenfassung und Schlußfolgerungen*

Im Vergleich zur Cyanäthylierung der Cellulose mit Acrylnitril nach einem Zweibadverfahren (Behandlung mit wäßriger NaOH, dann mit AN) erreicht die analoge Reaktion mit α-Chloracrylnitril bei im Prinzip ähnlichem zeitlichen Verlauf und ähnlichem Einfluß der übermolekularen Struktur der Cellulose bei wesentlich niedrigerem γ-Wert einen „Gleichgewichtszustand". Neben einer Verätherung bzw. im Anschluß an diese erfolgt eine offenbar unter Dehydrochlorierung verlaufende Vernetzung der Cellulose, während die Bildung vom Homopolymeren und eine Pfropfung von Poly-α-Chloracrylnitril-Seitenzweigen an die Cellulosekette unter den hier gewählten Bedingungen weitgehend ausgeschlossen werden konnte. Aus der Tatsache, daß bei einem „umgekehrten Zweibadverfahren" (Tränken der Cellulose mit ClAN, dann Behandlung mit NaOH) wesentlich höhere, stark vom Abpreßgrad nach dem ersten Bad abhängige Umsetzungsgrade erzielt wurden, wie auch aus einigen orientierenden Versuchen in homogenem Medium konnte man schließen, daß eine im Verlauf der Umsetzung frühzeitig beginnende Vernetzung die Reaktion durch Hemmung der Andiffusion von ClAN an den Reaktionsort verlangsamt und zu unerwartet niedrigen maximalen Substitutionsgraden führt und dadurch gleichzeitig den Verbrauch von ClAN für eine Chlorcyanäthylierung des Wassers (vgl. [18, 19]) begünstigt. Obwohl mit ClAN behandelte Celluloseproben schon bei niedrigen Umsetzungsgraden ($\gamma_N \sim 10$) in Cuoxam unlöslich werden, fanden wir an im Strang mit ClAN umgesetzten Viskosecordseidenproben keine signifikanten Unterschiede im Wasserrückhaltevermögen und Wasserdampfsorption gegenüber einer entsprechenden Behandlung mit AN, die unter gleichen Bedingungen cuoxamlösliche Produkte liefert. Offensichtlich erfolgt die Vernetzung der Cellulose in einem Zustand verhältnismäßig starker Quellung, so daß die Brückenbildung zwar eine Auflösung verhindert, jedoch kaum die Bindung von H_2O als Flüssigkeit oder Dampf beeinflußt.

Für sorgfältige experimentelle Mitarbeit danken wir Frau *Edith Kostova*. Ebenso gilt unser Dank Herrn Dr. *J. Baudisch* für die Aufnahme der TG- und DTG-Kurven, Herrn Dr. *J. Dechant* für Aufnahmen und Diskussion der IR-Spektren und Herrn Ing. *F. Schmidt* für die textilmechanische Untersuchung einer Serie von Proben.

Literatur

[1] *Bikales, N. M.:* Cyanoethylation. In: Encyclop. Polymer Sci. Technology. Vol. 4. New York: Interscience Publ. 1966, S. 533—562.

[2] *Schweiker, G. C.:* Chem. engng. News **46** (1968) 43, S. 71.

[3] Großtechnische Synthese von α-Chloracrylnitril. Kunststoff-Rdsch. **14** (1967) S. 565.

[4] *Bullock, A. L., Mack, Ch. H.,* und *Guthrie, J. D.:* USP 3294780 v. 27. 12. 1966; C. A. **66** (1967) 56507.

[5] *Jusupbekov, A. Ch., Magrupov, F. A.,* und *Abdurašidov, T.:* Synthese von α-Chlorcarboxyäthylcellulose. Vysokomol. Soed. (Hochmol. Verbind.) B **9** (1967) S. 782—784.
Jusupbekov, A. Ch., Abduraširdov, T., und *Rachimova, B. V.:* Bakterizide Eigenschaften der mit α,β-Dichlorpropionsäure modifizierten Cellulose. Uzb. Chim. Ž. (Uzb. chem. Z.) **12** (1968) S. 44; C. A. **69** (1968) 28697.

[6] *Lukanoff, T., Zielske, L.,* und *Philipp, B.:* Über die Reaktionsfähigkeit von α, β-ungesättigten Nitrilen bei der *Michael*-Addition von Cellulose. Cellulose Chem. Technology, Jassy/Rum. **1** (1967) S. 287—299.

[7] *Lukanoff, T.,* und *Philipp, B.:* Zum Verlauf der gleichzeitigen Umsetzung von Alkalicellulose mit Schwefelkohlenstoff und Acrylnitril. Faserforsch. u. Textiltechnik **17** (1966) S. 50—55.

[8] *Compton, J.:* In: Methods of Carbohydrate Chemistry. Bd. 3. New York: Academic Press 1963, S. 317—321.

[9] *Avny, Y.,* und *Rebenfeld, L.:* Formation and structure of sodium cellulosates in relation to physical properties of cellulosic fibers. Textile Res. J. **38** (1968) S. 599 bis 605.

[10] *Lukanoff, T.:* Zur Umsetzung von Cellulosefasern mit Acrylnitril und Eigenschaften der erhaltenen Produkte. Chem. Vlakna, Svit (Chem. Fasern) **18** (1968) S. 69—79.

[11] *Paulik, F., Paulik, I.,* und *Erdey, L.:* Der Derivatograph. Z. analyt. Chemie **160** (1958) S. 241—252.

[12] TGL 142-2021 Blatt 13, Entwurf Januar 1962.

[13] *Grassie, N.,* und *Grant, E. M.:* Thermal degradation of poly-α-chloroacrylonitrile. J. Polymer Sci. C **16** (1967) S. 591—599.

[14] *Rogovin, Z. A.:* Privatmitteilung.

[15] *Loth, F.:* 2,4-Dicyano-2,4-dichloropentan, eine Modellsubstanz für Poly-α-chloracrylnitril. Diplomarbeit, Friedrich-Schiller-Universität Jena 1968.

[16] *Philipp, B., Rehder, W.,* und *Lang, H.:* Zur Carboxylbestimmung in Chemiezellstoffen. Papier **19** (1965) S. 1—9.

[17] *Lukanoff, T.,* und *Philipp, B.:* Zum Verlauf der gleichzeitigen Umsetzung von Alkalicellulose mit Schwefelkohlenstoff und α-Alkylenoxiden. Faserforsch. u. Textiltechnik **18** (1967) S. 407—413.

[18] *Prati, G.,* und *Pacetti, S.:* Cyanäthylierung der Hydroxylgruppen der Cellulose I. Ann. Chimica, Roma **48** (1958) 428—436.

[19] *Wronski, M.,* und *Bogdanski, J.:* The kinetics of cyanoethylation reaction of water, alcohols, amines and sulphydryl compounds. Zesz. Nauk Univ. Łódź, Ser. II **14** (1963) S. 153—174.

Eingegangen am 28. März 1969

Faserforschung und Textiltechnik 20 (1969) Heft 10

Untersuchung der chemischen Accessibilität und Eigenschaften der Viskosefaserstoffe

Václav Jančařík

Institut für die Verarbeitung der Chemiefasern, Česká Třebová, ČSSR

Ludovít Kuniak

Chemisches Institut der Slowakischen Akademie der Wissenschaften, Bratislava, ČSSR

DK 677.463:677.46.061.7:546.33—36:532.14:541.124 : [546.11:541.57]

In der Arbeit werden physikalisch-mechanische und strukturelle Eigenschaften der hochnaßfesten, Hochmodul- und polynosischen Faserstoffe verglichen. Dabei wird besondere Aufmerksamkeit der Veränderung dieser Eigenschaften nach der Behandlung mit NaOH-Lösungen gewidmet. Aus den Ergebnissen der Interaktionswärme in NaOH-Lösungen und der Dichteänderung bei wachsendem Feuchtegehalt wird die chemische Accessibilität und die Stärke der sekundären Wasserstoffbindungen der untersuchten Faserstoffe beurteilt.

Изучение доступности при воздействии химических веществ и свойств вискозных волокон

Проведено сравнение физико-механических и структурных свойств высокомодульных и полинозн ыхволокон, а также волокон с высокой прочностью в мокром состоянии. При этом особое внимание уделено изменениям этих свойств в результате обработки волокон растворами едкого натрия. Доступность изученных волокон и прочность водородных связей в них оценены на основе результатов теплот взаимодействия с растворами едкого натрия и изменения плотности при возрастающем содержании влаги.

Investigation on the Chemical Accessibility and Properties of Rayon Fibres

The mechanical and structural properties of high wet strength, HWM and polynosic rayon fibres are compared, special attention being given to the changes in properties on treatment with aqueous NaOH. From the heat of reaction in aqueous NaOH and changes in density with increasing water content the chemical accessibility and strength of secondary hydrogen bonds are estimated.

1. *Einleitung*

Bei der heutigen Vielfalt verschiedener Typen der Viskosefasern, die in den letzten Jahren entwickelt wurden, ist es nötig, solche Methoden anzuwenden, die eine Charakterisierung der Fasereigenschaften nicht nur in physikalisch-mechanischer Richtung, sondern auch im Sinne des Strukturaufbaues ermöglichen. So kann man diese Fasern in bestimmte Gruppen einteilen, die ähnliches Verhalten bei der textilen Verarbeitung zeigen und dabei auch befriedigende Erklärungen einiger Erscheinungen geben. Die Struktur der Chemiefasern stellt einen komplizierten Komplex dar, und deshalb muß man eine Reihe von Methoden anwenden, die aber nicht immer die erwünschten Ergebnisse gewähren.

Eine der wichtigen Charakteristiken der Struktur von Viskosefasern ist auch die chemische Accessibilität, die als physikalische Zugänglichkeit der reaktiven Hydroxylgruppen der Cellulose zu den Molekülen verschiedener Reagentien verstanden werden kann; von diesen sind Wasser und Alkali für Viskosefasern am wichtigsten. Man kann voraussetzen, daß das eine praktische Bedeutung bei der Verarbeitung der Mischungen Baumwolle/Zellwolle hat, und zwar während der Mercerisation und anderer alkalischen Behandlungen, bei der Färbung im alkalischen Medium usw.

Die durch Einwirkung von Wasser auf getrocknete Cellulose entstehende Wärme wird als Benetzungswärme bezeichnet und z. B. von *Fajnberg* und *Michajlov* [1, 2] an verschiedenen Sorten von Cellulosefasern bestimmt. Diese Autoren betrachten aber für die Fasereigenschaften als wichtiger die Lösungswärme, die sie durch Lösung der Cellulosefasern in einem geeigneten Lösungsmittel (z. B. Triäthylbenzylammoniumhydroxid) erhalten haben. Daraus kann man den sogenannten *m*-Wert berechnen, der den Anteil der realisierten Wasserstoffbindungen in den nichtgeordneten Bereichen aus der gesamten Anzahl der Bindungen darstellt und im Zusammenhang mit den Festigkeiten der Fasern stehen soll [3]. Aus der Praxis ist es aber bekannt, daß sich die modifizierten oder polynosischen Fasern wesentlich unterscheiden können, obwohl sie ähnliche Trockenfestigkeiten besitzen, im Verhalten der Fasern im alkalischen Medium, in der Empfindlichkeit gegenüber Wasser, die sich in der Resistenz gegenüber Deformation im nassen Zustand erweist, in der Größe der Wassersorption und ähnlicher Eigenschaften, die zusammen als Hydroplastizität der Fasern bezeichnet werden können. Unsere Arbeit wurde deshalb nach diesen Gesichtspunkten geführt. Es gibt bestimmt auch andere wichtige Kriterien, wie z. B. Resistenz gegen Defibrillierung im getrockneten und nassen Zustand, Affinität gegenüber den Farbstoffen — wichtig hauptsächlich bei den Fasermischungen —, Steifigkeit und Fülligkeit, die mit dem Griff der Textilien zusammenhängen, usw. Diese Problematik ist zwar in der vorliegenden Arbeit nicht eingeschlossen, es wird aber nötig sein, auch solchen Fragen größere Aufmerksamkeit zu widmen, wenn sich die Viskosefasern ihre jetzige Stellung erhalten sollen.

2. *Untersuchte Fasern und Meßmethoden*

Die Auswahl der Viskosefasern wurde auf alle Hauptgruppen der Fasern gerichtet, die in der Textilindustrie für das Baumwollsortiment der Artikel benutzt werden. Mit Rücksicht darauf, daß bisher keine einheitliche Bezeichnung dieser Fasern eingeführt und allgemein benutzt wird, kann man sie folgendermaßen kurz charakterisieren:

VSN — gewöhnliche Zellwolle, B-Typ

VSF-A — Zellwolle mit hoher Naßfestigkeit, hergestellt mit einer Technologie, die vom Supercord abgewandelt wird, z. B. Typ DURAFLOX, DURAFIL, AIRON TK u. a.

VSF-B — ähnlich wie VSF-A, aber mit bestimmten technologischen Abweichungen, z. B. im Rohstoff.

HWM-A — Zellwolle mit hohem Naßmodul, über 0,5 p/den bei 5% Dehnung, z. B. Typ AVRIL, FASER 333, AIRON PL, VINCEL 64 u. a.

HWM-B — ähnlich wie HWM-A, aber andere Handelsmarke
HWM-C — ähnlich wie HWM-A, aber mit bestimmten technologischen Abweichungen, derselbe Rohstoff wie bei VSF-B
PNS — polynosische Fasern, z. B. Typ HIPOLAN, COLVERA, FABELTA T 61A, KOPLON u. a.

Die physikalisch-mechanischen Eigenschaften der Fasern wurden in dem Zustand bestimmt, in dem sie vom Hersteller geliefert werden. Dagegen wurde für die Beurteilung der strukturellen Eigenschaften vorher die Avivage mit dem Gemisch Benzol mit Äthanol und Wasser 1:1 extrahiert. Die Einwirkung der 5%igen NaOH auf die Fasern bei einigen Prüfungen (Naßfestigkeit, Löslichkeit, Quellung, Dichte) wurde nach $^1/_2$ h Behandlung bei 20 °C untersucht.

Die Methoden, die für die Messung der strukturellen Eigenschaften benutzt wurden, sind in den Fachkreisen bekannt, deshalb wird nur ihre kurze Charakteristik angeführt. Durchschnittlicher Polymerisationsgrad (DP) wurde nach der Nitratmethode bestimmt [4]. Ähnlich wurde auch LODP-(levelling-off-DP)-Wert nach der Vorhydrolyse von 15 min mit siedender 2,5 n HCl festgestellt [5]. Für die Bestimmung der Dichte wurde die Methode mit Hilfe des elektromagnetischen Schwimmers nach *Mhatre* und *Preston* [6] benutzt, welche die Werte mit einer Genauigkeit von 10^{-4} g/cm³ zu erhalten ermöglicht und die in der Arbeit von *Alinče* [7] beschrieben ist. Die Interaktionswärme in Wasser und in alkalischen Lösungen wurden mit dem Kalorimeter Typ *Schottky* gemessen, das von *Usmanov* und *Chakimov* [8] modifiziert wurde. Es arbeitet nach dem Prinzip der Messung von Volumendilatation von CCl_4, womit der Mantel der kalorimetrischen Röhre gefüllt wird. Das Kalorimeter ermöglicht die Bestimmung der Interakionswärme mit einer Genauigkeit von 0,1 cal/g.

3. *Meßergebnisse und Diskussion*

Es ist allgemein bekannt, daß die Trocken- und Naßfestigkeit der modifizierten und polynosischen Fasern wesentlich höher als die der normalen Zellwolle liegt. Untereinander sind aber beide erwähnten Fasergruppen in dieser Richtung nicht sehr verschieden. Dabei werden einige neueste Typen der superpolynosischen Fasern nicht in Betracht gezogen, obwohl sie nach der Literatur [9] eine Trockenfestigkeit bis über 6 p/den erreichen. Diese Fasern sind aber noch nicht im üblichen Einsatz in der Textilindustrie. Bei der Trocken- und Naßdehnung kann man schon wesentliche Unterschiede sehen. Es ist bekannt, daß die Dehnung der modifizierten und polynosischen Fasern gewöhnlich in der Reihenfolge hochnaßfeste Fasern → Hochmodulfasern → polynosische Fasern abnimmt. In derselben Reihenfolge sinkt auch die Schlingenfestigkeit der Fasern, und zwar die absoluten sowie die relativen Werte. In der letzten Zeit werden Diskussionen über die Bedeutung dieses Parameters geführt [10]; es ist aber sicher, daß die Fasern während der textilen Verarbeitung und im Gebrauch der Erzeugnisse nicht nur in der Längsrichtung (wie bei der Bestimmung der Zugfestigkeit), sondern auch in der Querrichtung beansprucht werden.

Man kann diese allgemeinen Zusammenhänge bestätigen, wie die Ergebnisse der Tabelle 1 zeigen. Durch Einwirkung der 5%igen NaOH entstehen verschiedene Änderungen in den Eigenschaften der Viskosefasern. Das ist aus den Naßfestigkeiten nach der Behandlung mit der 5%igen NaOH zu sehen, wenn es auch scheint, daß dieses Merkmal nicht besonders charakteristisch für die Unterscheidung der hochnaßfesten und Hochmodulfasern vom Standpunkt der Resistenz gegenüber Alkalien ist. Die Garne und Webstoffe aus diesen Fasern in Mischung mit Baumwolle sind einer größeren Beanspruchung bei der Mercerisation unterworfen und deshalb wäre es richtig, höhere Konzentrationen der NaOH bei der Bestimmung der Naßfestigkeit anzuwenden. Weiter ergaben strukturelle Prüfungen, daß diese Forderung völlig berechtigt ist.

Die Unterschiede der strukturellen Eigenschaften von Hochmodul-, Hochnaßfest- und polynosischen Fasern sind in Tabelle 2 angeführt. Wie zu erwarten war, zeigen Hochmodul- und polynosische Fasern allgemein einen höheren DP als hochnaßfeste Fasern sowie auch größere Kristallitlänge, was die LODP-Werte der erwähnten Fasertypen andeuten. Auch die Dichte der Hochmodul- und polynosischen Fasern liegt höher. Durch Einwirkung von 5%iger NaOH wird die Löslichkeit sowie auch die Quellungs- und Dichteänderung nicht sehr charakteristisch verändert. Auf diese Weise wäre es also schwer, die Unterschiede in der Struktur von Hochmodul- und Hochnaßfest-Fasern zu definieren.

Mit Rücksicht auf die geänderten technologischen Verfahren bei den untersuchten Viskosefasern konnte man unterschiedliche Empfindlichkeiten und Resistenz der sekundären Wasserstoffbindungen gegenüber Wasser erwarten. Deshalb wurde auch die Veränderung der Dichte in Xylol bei stufenweise wachsendem Feuchtigkeitsgehalt der Fasern untersucht [11]. Diese Beziehung ermöglicht es, den Umfang und die Stärke der sekundären Bindungen zwischen den Makromolekülen der Cellulosefasern zu charakterisieren.

Tabelle 1. Physikalisch-mechanische Eigenschaften verschiedener Typen von Viskosefasern

Parameter	VSN	VSF-A	VSF-B	HWM-A	HWM-B	HWM-C	PNS
Feinheit [den]	1,4	1,2	1,3	1,15	1,3	1,2	1,5
Festigkeit trocken [p/den]	2,5	3,8	4,1	3,9	4,5	4,3	4,2
Festigkeit naß [p/den]	1,2	2,8	2,9	2,4	3,1	2,9	3,3
Relative Naßfestigkeit [%]	49,1	72,5	72,9	62,7	68,9	72,3	77,6
Dehnung trocken [%]	18	24	22	15	13	16	13
Dehnung naß [%]	22	30	27	15	14	18	14
Schlingenfestigkeit [p/den]	0,8	1,1	1,1	0,9	1,0	0,8	0,6
Relative Schlingenfestigkeit [%]	32,2	27,7	26,1	22,1	22,2	18,4	15,2
Naßfestigkeit nach der Behandlung mit 5% iger NaOH [p/den]	1,2	1,85	2,3	2,1	2,3	2,4	3,2

Tabelle 2. Strukturelle Eigenschaften der modifizierten und polynosischen Viskosefasern

Parameter	VSF-A	VSF-B	HWM-A	HWM-C	PNS
DP	342	444	551	490	687
LODP	45	47	64	53	72
Löslichkeit bei LODP [%]	10,8	6,9	5,0	6,1	3,2
Löslichkeit in 5%iger NaOH [%]	2,0	1,5	1,4	2,2	0,9
Dichte in Xylol [g/cm³]:					
Original-Fasern	1,521	1,511	1,538	1,528	1,530
nach Behandlung in 5%iger NaOH	1,512	1,503	1,532	1,522	1,526
Dichte in Wasser [g/cm³]:					
Original-Fasern	1,603	1,606	1,605	1,605	1,604
nach Behandlung in 5%iger NaOH	1,607	1,606	1,606	1,604	1,603
Quellung in Wasser [%]:					
Original-Fasern	58	67	66	65	54
nach Behandlung in 5%iger NaOH	69	74	72	77	61

Die Werte in Tabelle 3 haben bewiesen, daß die Modalfasern (HWM- sowie auch polynosische Fasern) bei 0% Feuchte eine größere Dichte und deshalb auch eine höhere Kristallinität als andere Viskosefasern aufweisen, besonders wenn es sich um einen normalen Typ handelt. Ganz unterschiedlich zeigt sich aber die Veränderung der Faserdichte bei wachsenden Feuchtegehalten der Fasern. Bei der Faser VSN stieg die Dichte steil bis zum Feuchtegehalt von ca. 4%. Beide hochnaßfeste Fasern VSF-A und VSF-B nähern sich gewissermaßen diesem Verlauf. Die Modalfasern weisen einen gleichmäßigeren Anstieg der Dichte mit wachsender Feuchte auf. Man kann voraussetzen, daß die schwächeren Wasserstoffbindungen bei der Wassersorption besonders im Anfangsstadium gestört werden. Das ist sehr anschaulich aus Bild 1 zu sehen, wo die Abhängigkeit der Dichtedifferenz bei einer bestimmten gegebenen und Nullfeuchte ($\Delta_n - \Delta_0$) gegenüber der Faserfeuchte gezeigt wird. Es ist klar, daß die Hochmodulfasern einen breiteren Bereich der Kräfte der Wasserstoffbindungen einschließen können und daß dabei die Qualität des benutzten Zellstoffes bei der Faserherstellung auch eine Rolle spielen wird (VSF-B und HWM-C).

Tabell 3. Veränderung der Dichte verschiedener Typen von Viskosefasern bei wachsendem Feuchtegehalt

Fasertyp	Feuchtegehalt [%] in den Fasern Dichte [g/cm³]				
VSN	0 1,503	2,0 1,548	4,0 1,561	8,2 1,566	13,5 1,573
VSF-A	0 1,521	1,8 1,534	4,2 1,546	7,8 1,551	12,0 1,554
VSF-B	0 1,511	1,5 1,538	3,4 1,551	7,6 1,559	13,0 1,565
HWM-A	0 1,538	1,5 1,549	4,0 1,556	7,8 1,564	12,8 1,571
HWM-B	0 1,531	1,7 1,538	3,8 1,540	7,3 1,545	10,7 1,550
HWM-C	0 1,528	1,8 1,545	4,0 1,554	7,4 1,562	12,5 1,572
PNS	0 1,530	1,4 1,535	3,8 1,542	7,0 1,547	11,3 1,553

Die chemische Accessibilität der Fasern bzw. die Resistenz der sekundären Wasserstoffbindungen gegen die Einwirkung von Alkalien kann auch mit Hilfe der weiteren benutzten Methode erfaßt und untersucht werden, d. h. durch Messung der Interaktionswärme in Wasser und in NaOH-Lösungen verschiedener Konzentration. Die Ergebnisse für alle untersuchten Viskosefasern sind in Tabelle 4 angeführt.

Man kann einige allgemeine Beziehungen feststellen:

Die Interaktionswärme bei allen Fasern wächst im ganzen Umfang der untersuchten Konzentrationen der NaOH von 0 bis 25% NaOH. Die Natronlauge reagiert

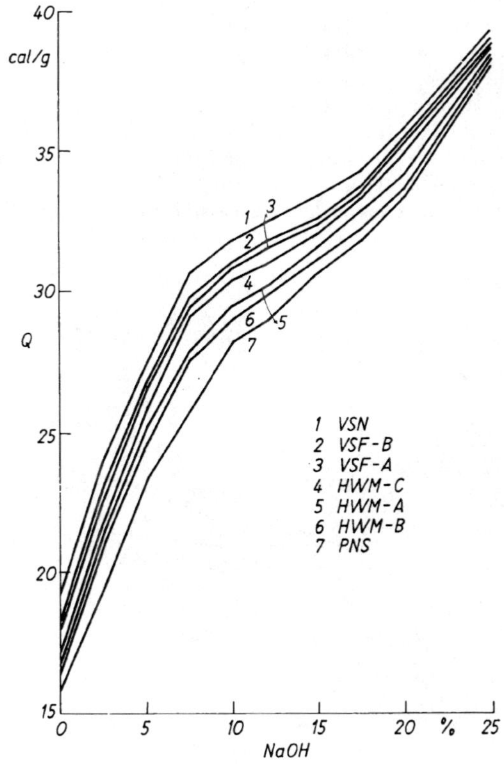

Bild 1. Veränderung der Dichtedifferenz von Viskosefasern bei verschiedener Feuchte

Tabelle 4. Interaktionswärme verschiedener Typen von Viskosefasern in den wässerigen NaOH-Lösungen

Fasertyp	Interaktionswärme [cal/g]										*m*-Wert
	0% NaOH	2,5% NaOH	5% NaOH	7,5% NaOH	10% NaOH	12% NaOH	15% NaOH	17,5% NaOH	20% NaOH	25% NaOH	
VSN	19,3	24,0	27,5	30,6	31,8	32,5	33,4	34,3	35,8	39,3	0,865
VSF-A	18,0	22,7	26,6	29,5	30,8	31,5	32,4	33,5	35,3	38,8	0,928
VSF-B	18,2	23,2	26,8	29,8	31,0	31,8	32,6	33,7	35,4	39,0	0,919
HWM-A	16,8	21,4	25,3	27,9	29,5	30,2	31,6	32,9	34,1	38,4	0,985
HWM-B	16,4	21,1	24,5	27,6	29,0	29,8	31,1	32,2	33,6	38,3	1,004
HWM-C	17,2	21,8	25,9	29,1	30,4	31,0	32,1	33,4	34,9	38,7	0,966
PNS	15,8	19,4	23,4	25,8	28,2	29,0	30,7	31,8	33,4	38,1	1,033

also immer mit weiteren OH-Gruppen infolge der Lokkerung der sekundären Wasserstoffbindungen.

Die Interaktionswärme im ganzen Umfang der Konzentrationen der NaOH sinkt in Abhängigkeit vom untersuchten Fasertyp in der Reihenfolge:

normale Zellwolle → hochnaßfeste Fasern → Hochmodul-Fasern → polynosische Fasern.

Die polynosischen Fasern haben dabei eine besondere Stellung, die sich im Bereich der niedrigeren Konzentrationen der NaOH durch die kleinste Zugänglichkeit der OH-Gruppen bzw. durch die größte Resistenz gegenüber der Solvatationswirkung der Wasser- und NaOH-Moleküle auszeichnet, wobei aber unter den hohen NaOH-Konzentrationen, die zur Mercerisierung der Garne und Webstoffe benutzt werden, diese Resistenz wesentlich erniedrigt ist und sich einigen HWM-Fasern nähert.

Die absoluten Unterschiede der Interaktionswärme sind nicht gleich zwischen den einzelnen Fasertypen im untersuchten Konzentrationsbereich der NaOH. Am besten sieht man das aus Bild 2. Die größten Unterschiede liegen bei ca. 7,5% NaOH; sie verringern sich in der Richtung zu den niedrigeren sowie auch zu den höheren Konzentrationen der NaOH. Es wäre also zweckmäßig, daß die Bestimmung der Interaktionswärme der Fasern in Wasser und in 7,5%iger NaOH für die Beurteilung der chemischen Accessibilität durchgeführt wird.

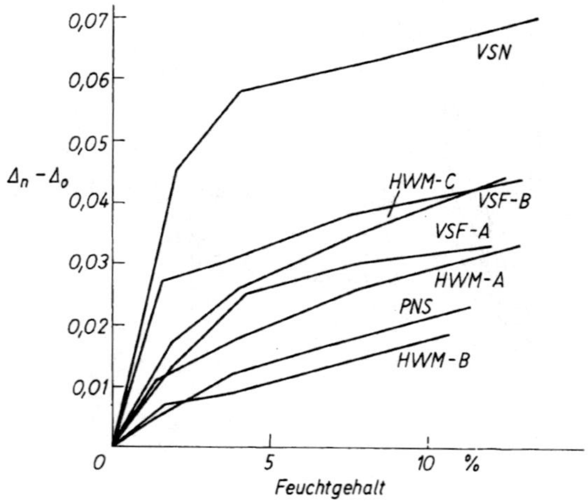

Bild 2. Interaktionswärme der Viskosefasern in alkalischen Lösungen

In Tabelle 4 sind auch die sog. *m*-Werte der Fasern in Wasser nach *Fajnberg* u. Mitarb. [3] angeführt. Bei der Berechnung benutzt man die Gleichung

$$Q_{sm} = 37{,}5 - -21{,}0\ m\,, \tag{1}$$

wobei

Q_{sm} = Benetzungswärme in cal/g.

Die numerischen Konstanten in der Gleichung (1) werden ausgerechnet aus den bekannten Angaben der Beziehung für die Benetzungswärme:

$$Q_{sm} = Q_g(1 - a) - Q_k'' \cdot (1 - a)\,m\,. \tag{2}$$

Hier bedeutet:

Q_g = Hydratationswärme 1 g der Cellulose (= 68,2 cal/g),
Q_k'' = Energie der Wasserstoffbindungen in den nichtgeordneten Bereichen (nach *Mark* = 38,2 cal/g),
a = Anteil der geordneten Bereiche, nicht zugänglich für die Durchdringung des Wassers (nach *Morton* u. Mitarb. = 0,43 ± 0,06).

Die nach diesen Berechnungen erhaltenen *m*-Werte der Fasern ermöglichen wieder, die untersuchten Viskosefasern in die erwähnten Gruppen zu klassifizieren. Unter ihnen sind deutliche Unterschiede, besonders unter den normalen, hochnaßfesten und Modalfasern. Es zeigt sich, daß die Modalfasern einen hohen Orientierungsgrad aufweisen, was sowohl in der Verwirklichung der Wasserstoffbindungen als auch in den nichtgeordneten Bereichen der Fasern erwiesen wird.

4. *Zusammenfassung*

Neue Typen der Viskosefasern, die hochnaßfeste Hochmodul- und polynosische Fasern einschließen, haben vom Standpunkt der Verarbeitung in der Textilindustrie genügende Festigkeit im Originalzustand, unterscheiden sich aber deutlich in der Dehnung und Schlingenfestigkeit. Üblich bestimmte Naßfestigkeiten nach der Behandlung mit 5%iger NaOH oder Löslichkeit in 5%iger NaOH erklären nicht genügend die Beanspruchung bei der Mercerisierung, und es wäre besser, höhere Konzentrationen der NaOH zur Unterscheidung der Eigenschaften einzelner Fasertypen zu benutzen. Die Interaktionswärmen bei den untersuchten Viskosefasern zeigen die größten Unterschiede bei ca. 7,5% NaOH im Meßbereich 0 bis 25% NaOH. In diesem Bereich wächst die Interaktionswärme in der Reihenfolge: polynosische Fasern → Hochmodulfasern → hochnaßfeste Fasern → normale Zellwolle.

Die sekundären Wasserstoffbindungen dieser Fasern sind empfindlich auch gegenüber Wasser, besonders bei niedrigerem Feuchtegehalt der Fasern bis ca. 4%. Das wurde durch Veränderungen der Faserdichte bewiesen, die am deutlichsten bei der normalen Zellwolle und am niedrigsten bei den Modalfasern vorliegen.

Literatur

[1] *Fajnberg, É. Z.*, und *Michajlov, N. V.:* Untersuchung der molekularen und übermolekularen Struktur von Cellulosefäden mittels thermochemischer Methoden. Vysokomol. Soed. (Hochmol. Verbind.) **8** (1966) 9, S. 1635–1641; dt. in: Sowjet. Beitr. Faserforsch. Textiltechnik **4** (1967) 1, S. 22–27.

[2] *Fajnberg, É. Z.*, und *Michajlov, N. V.:* Untersuchung der übermolekularen Struktur von Cellulosefaserstoffen an Hand der Quellungswärme. Chim. Volokna (Chem. Fasern) **9** (1967) 2, S. 36–38; dt. in: Sowj. Beitr. Faserforsch. Textiltechnik **4** (1967) 8, S. 407–410.

[3] *Fajnberg, É. Z., Michajlov, N. V.*, und *Papkov, S. P.:* Untersuchung der Umsetzungswärme von Cellulosefaserstoffen mit Lösungen von Basen. Vysokomol. Soed. (Hochmol. Verbind.) A **9** (1967) 7, S. 1483–1488; dt. in: Sowjet. Beitr. Faserforsch. u. Textiltechnik **4** (1967) 11, S. 576–579.

[4] *Thinius, K.*, und *Thümmler, W.:* Beitrag zur polymeranalogen Umsetzung der Cellulose zu Cellulosenitrat. Makromol. Chemie **99** (1966) 2189, S. 117–125.

[5] *Battista, O. A., Coppick, S., Howsmon, J. A., Morehead, F. F.*, und *Sisson, W. A.:* Level-off degree of polymerisation. Ind. engng. Chem. **48** (1956), 2, S. 333 bis 335.

[6] *Mhatre, S. H.*, und *Preston, J. M.:* New apparatus for measuring the density of fibres. J. Textile Inst. **40** (1949) S. T831–T838.

[7] *Alinče, B.:* Zur Frage der Dichtebestimmung der Cellulosematerialien. Papier **18** (1964) 2, S. 55–62.

[8] *Usmanov, Ch. U.*, und *Chakimov, I. Ch.:* Die Benetzungswärme der Baumwolle in organischen Lösungen. Uzb. chem. Ž. **3** (1959) 2, S. 21–26.

[9] *Kawai, A., Kimura, Y.*, und *Kubota, M.:* The structure and characteristics of polynosic Fibres. Pure and appl. Chem. **14** (1967) 3/4, S. 409–421.
Szegö, L.: Comparative study of textile properties of HWM-Fibres spun by different processes. Pure and appl. Chem. **14** (1967) 3/4, S. 435–440.
Weber, P., und *Thomas, R.:* Chemiefasern aus Zellulose mit hohem Naßmodul. Chemiefasern **17** (1967) 1, S. 35–44.

[10] *Herzog, W.:* Zusammenhang zwischen Fasereigenschaften und Eigenschaften der Fertigprodukte. Lenzinger Ber. Lenzing/Oesterr. (1968) 26, S. 44–60.

[11] *Alinče, B.*, und *Kuniak, L.:* Beurteilung der übermolekularen Struktur der Cellulose mittels Dichteänderung bei verschiedenem Feuchtegehalt. Faserforsch. u. Textiltechnik **18** (1967) 1, S. 17–21.

Eingegangen am 8. April 1969

Zur Kenntnis der Eigenschaftsänderungen von Viskosefasern nach Bestrahlung mit beschleunigten Elektronen und thermischer Nachbehandlung

Harald Grimm und Adolf Heger

Deutsche Akademie der Wissenschaften zu Berlin, Institut für Technologie der Fasern in Dresden

DK 677.463.064:677.46.061:[539.12.04:539.124]:677.46.021.925:[547.458.81:542.92]

Durch Bestrahlungsversuche mit beschleunigten Elektronen an Viskosefasergeweben konnten Aussagen von Patenten, nach denen durch Bestrahlung mit ionisierenden Strahlen und thermische Nachbehandlung Verbesserung des Knittererholungsvermögens und der Scheuerbeständigkeit bei Cellulosefasergeweben zu erzielen sei, nicht bestätigt werden. Vielmehr findet bei Bestrahlung dieser Gewebe mit beschleunigten Elektronen auch bei verschiedenen thermischen Nachbehandlungen ein Celluloseabbau statt.

К вопросу об изменении свойств вискозных волокон в результате облучения ускоренными электронами с последующей термической обработкой

При исследовании тканей из вискозного волокна после их облучения ускоренными электронами не удалось подтвердить патентных данных, согласно которым облучение тканей из целлюлозных волокон ионизирующим излучением с последующей термической обработкой позволяет достичь улучшения несминаемости и устойчивости к истиранию тканей. При облучении таких тканей ускоренными электронами и различных условиях дополнительной термической обработки во всех случаях имеет место деструкция целлюлозы.

On the Changes in Properties of Rayon Fibres Caused by Electron Radiation and Thermal Aftertreatment

The statements made in some patents as to increasing the crease recovery and abrasion resistence by ionising radiation and thermal aftertreatment could not be confirmed by irradiating rayon fabrics with accelerated electrons. Contrarily, the electron radiation resulted, even when combined with aftertreatment under various conditions, degradation of the cellulose.

1. *Einleitung*

F. Münzel und *G. Heberlein* veröffentlichten eine Reihe von Patenten zur strahlenchemischen Modifizierung von Cellulosefasergeweben, auf die wir bei der Suche nach neuen Veredlungsverfahren für Viskosefasergewebe (VI-F-Gewebe) stießen. Darunter erschien uns ein Verfahren besonders interessant, nach dem ohne modifizierende Hilfsmittel Verbesserungen des Knittererholungswinkels und der Scheuerbeständigkeit bei keinem oder geringem Festigkeitsabfall lediglich durch Bestrahlung mit ionisierenden Strahlen und thermische Nachbehandlung zu erreichen seien [1 bis 4]. Diese Angaben stehen im Widerspruch zu anderen in der Literatur dargestellten Ergebnissen, nach denen Cellulose zu denjenigen Polymeren gehört, die durch Strahleneinwirkung abgebaut werden [z. B. 12 bis 16].

2. *Aufgabenstellung*

Die Aufgabe bestand darin, zu prüfen, ob durch Bestrahlung mit beschleunigten Elektronen und thermische Nachbehandlung Eigenschaftsänderungen an VI-F hinsichtlich „Hochveredlung", d. h. Verbesserung des Trocken- und Naßknitterverhaltens, Formhaltevermögens, Naßreißkraft usw., herbeigeführt werden kann. Gleichzeitig sollte die Kenntnis über das Strahlenverhalten von VI-F erweitert werden.

3. *Kurze Literaturübersicht*

Im Hauptpatent von *G. Heberlein* und *F. Münzel* [1] wird durch Bestrahlung von Textilien aus Cellulose mit Dosen von 10^4 bis 10^6 R bei einer Strahlenenergie von 0,05 bis 0,6 MeV bei An- und Abwesenheit von Luftsauerstoff und anschließender Erwärmung auf 70 bis 80 °C Unlöslichkeit oder reduzierte Löslichkeit in Cuoxam, Zunahme der Scheuerbeständigkeit und nur wenig verminderte Festigkeit festgestellt. Schrumpfung und Knitterbeständigkeit werden ebenfalls wesentlich verbessert, wobei die Cellulose vorher modifiziert worden sein kann. Nach einem Zusatzpatent [2] kann die Cellulose auch mit Schwefelsäure vorbehandelt sein. Nach einem weiteren Zusatzpatent [3] ist ein Feuchtegehalt des Cellulosematerials von 30 bis 40% bei der Bestrahlung günstig. Weiterhin geben die Autoren an [4], daß bei Bestrahlung der feuchten Cellulose in Stickstoffatmosphäre oder im Vakuum die gleichen Veredlungseffekte auch ohne thermische Nachbehandlung erzielt werden können. Bei Bestrahlung von Viskosefolie mit Dosen von 10^5 bis 10^6 R in Gegenwart von Luft erhalten die Autoren eine Erhöhung der Festigkeit, der Dimensionsstabilität und eine Verringerung des Quellwertes [6].

4. *Eigene Untersuchungsergebnisse*

Nach der Bestrahlung mit beschleunigten Elektronen (Energie: 1 MeV) und thermischen Nachbehandlung mit Wasserdampf von VI-F-Gewebe wurden die in Tabelle 1 dargestellten Versuchsergebnisse erhalten.

Die Wasserdampfbehandlung erfolgte 20 min nach der Bestrahlung. Eine Verlängerung des Zeitabstandes zwischen Bestrahlung und Nachbehandlung ergab keine Veränderung der Meßwerte.

Nach *R. E. Glegg* u. Mitarb. [9, 10] sowie *F. A. Blouin* u. Mitarb. [11] findet nach der Bestrahlung mit ionisierenden Strahlen von Cellulose ein „Nacheffekt", d. h. eine Nachreaktion, statt, so daß der Endzustand erst nach etwa 30 Tagen, gemessen am Durchschnittspolymerisationsgrad, erreicht wird.

Deshalb wurden die Messungen (Tabelle 1) in einem Zeitraum von rund 75 Tagen nach der Bestrahlung durchgeführt. Die Reißkraft und die Reißdehnung im normaltrockenen und nassen Zustand nehmen mit der Bestrahlungsdosis exponentiell ab, ebenso die Scheuerbeständigkeit im normaltrockenen Zustand. Eine geringe Erhöhung des Knittererholungswinkels normaltrocken mit Zunahme der Strahlendosis ist festzustellen. Das Knittererholungsvermögen im nassen Zustand bleibt unverändert. Das Wasserrückhaltevermögen nimmt ab.

Beim Lösen der Proben in Cuen zur Bestimmung des Durchschnittspolymerisationsgrades traten keine Schwierigkeiten auf.

Wie eine rechnerische Überprüfung ergab, verläuft der Abfall des Durchschnittspolymerisationsgrades mit der Bestrahlungsdosis nach einer von *H. Masao* u. Mitarb. [20] abgeleiteten Beziehung:

$$\frac{1}{P} - \frac{1}{P_0} = K r^m;$$

dabei bedeuten:

P_0 Durchschnittspolymerisationsgrad vor der Bestrahlung,
P Durchschnittspolymerisationsgrad nach der Bestrahlung,
r Dosis,
m, K Konstanten.

In den Tabellen 2 und 3 sind die Meßergebnisse bei verschiedenen Vor- und Nachbehandlungen nach unterschiedlichen Prüfabständen, jeweils vom Tage der Bestrahlungen an gerechnet, dargestellt.

Außer bei der Nachbehandlung mit heißem Wasser nehmen die Reißkraft und Reißdehnung sowohl im normaltrockenen als auch im nassen Zustand mit zunehmendem Prüfabstand ab. Reißkraft normaltrocken und Reißdehnung normaltrocken zeigen bei den Versuchen 10 bis 12 (Tabelle 2) und 19 bis 21 (Tabelle 3) mit zunehmendem Prüfabstand eine Zunahme, wobei

Tabelle 1. Meßergebnisse an mit 1-MeV-Elektronen und mit Wasserdampf nachbehandeltem VI-F-Gewebe
(Messung etwa 75 Tage nach Bestrahlung)

Proben-Nr.	Dosis [rad]	Nachbehandlung	Reißkraft P_{max} [p]		Reißdehnung δ_{max} [%]		Doppelscheuerungen [DS]	Knittererholungswinkel 0,5 min [°]		Knittererholungswinkel 30 min [°]		Wasserrückhaltevermögen [%]	Durchschnittspolymerisationsgrad
			normaltrocken	naß	normaltrocken	naß	normaltrocken	normaltrocken	naß	normaltrocken	naß		
—	—	keine	812	445	14,5	15,5	2088	57,4	78,1	90,6	87,5	72,0	278
1	$0{,}5 \cdot 10^6$	Dampf 85 °C 20 min	756	422	12,5	16,6	1941	71,6	81,5	110,0	91,4	68,5	222
2	$1{,}0 \cdot 10^6$	Dampf 85 °C 20 min	766	377	11,8	14,6	1747	67,1	76,1	108,6	89,2	64,8	193
3	$2{,}0 \cdot 10^6$	Dampf 85 °C 20 min	695	348	11,3	14,3	1595	74,2	76,3	115,4	86,5	68,3	169
4	$5{,}0 \cdot 10^6$	Dampf 85 °C 20 min	541	198	9,7	9,8	1413	73,9	74,9	117,5	89,9	60,9	115
5	$10{,}0 \cdot 10^6$	Dampf 85 °C 20 min	426	144	6,3	7,1	638	77,4	63,4	119,5	85,1	47,8	76

Tabelle 2. Meßergebnisse an mit einer Dosis von 1 · 10^6 rad bestrahltem und verschieden vor- und nachbehandeltem VI-F-Gewebe

Proben-Nr.	Vorbehandlung	Nachbehandlung	Prüfabstand [Tage]	Reißkraft P_{max} [p] normaltrocken	Reißkraft P_{max} [p] naß	Reißdehnung δ_{max} [%] normal trocken	Reißdehnung δ_{max} [%] naß	Wasserrückhaltevermögen	Durchschnittspolymerisationsgrad
Ausgangsmaterial		—	—	812	445	14,5	15,5	72,0	278
6	keine	keine	1	763	445	15,2	18,0	—	—
7	keine	keine	35	819	430	15,2	17,1	—	227
8	keine	keine	70	737	394	14,5	15,1	—	—
9	keine	4 min bei 80 °C in H_2O, Lufttrocknen	0	565	370	13,3	14,3	73,3	—
10	keine	4 min bei 80 °C in H_2O, Lufttrocknen	36	686	346	13,3	13,9	—	—
11	keine	4 min bei 80 °C in H_2O, Lufttrocknen	81	770	380	14,6	15,4	—	213
12	Befeuchten 90%	Lufttrocknen	34	799	431	15,7	16,8	—	—
13	Befeuchten 90%	Lufttrocknen	69	745	408	14,9	15,6	—	221
14	Befeuchten 90%	Trocknen bei 80°C, 3 h	34	734	384	15,3	16,7	—	—
15	Befeuchten 90%	Trocknen bei 80 °C, 3 h	69	726	409	14,8	14,9	—	204

jedoch der Ausgangswert vor der Bestrahlung nicht erreicht wird. Das Wasserrückhaltevermögen und der Durchschnittspolymerisationsgrad (DP) stimmen innerhalb der Fehlergrenzen mit den Meßwerten von Tabelle 1 überein. Weitere Unterschiede bestehen zwischen den verschiedenen Vor- und Nachbehandlungsmethoden nicht.

5. *Diskussion der Versuchsergebnisse*

Die Versuchsergebnisse beweisen, daß durch Bestrahlung von VI-F-Geweben mit beschleunigten Elektronen in Luft und thermische Behandlung keine Veredlung derselben erzielt werden kann. Für eine stabile kovalente Vernetzung von wesentlichem Ausmaß konnten keine Hinweise ermittelt werden, da sich das bestrahlte VI-F-Gewebe einwandfrei in Cuen löste.

Im Gegenteil findet ein starker Abbau statt, der — wie der Vergleich der Werte zeigt — unabhängig von den untersuchten Nachbehandlungen ist. So hat in Übereinstimmung mit den von *R. E. Glegg* u. Mitarb. [10] an Baumwolle festgestellten Ergebnissen die Anwesenheit von Wasser keinen Einfluß auf den Abbau.

Die Ursachen für die geringe Erhöhung des Knittererholungswinkels normaltrocken, das Wiederansteigen der Normaltrocken-Reißkraft bei den Versuchen 10 bis 12 und 19 bis 21 sowie die Verringerung des Wasserrückhaltevermögens konnten noch nicht geklärt werden.

Effekte, die in diese Richtung deuten, wurden jedoch schon in der Literatur beschrieben. *I. C. Arthur* u. Mitarb. [16] zeigten bei Baumwolle mit zunehmender Bestrahlungsdosis eine Verringerung der Feuchteaufnahme bis zu einem Minimum bei 5 · 10^7 R. *O. Teszler* u. Mitarb. [7] fanden bei mittleren Bestrahlungsdosen zwischen 5,1 · 10^5 und 3 · 10^7 R eine geringere Direktfarbstoffaufnahme bei Baumwolle und VI-F als beim Ausgangsmaterial. *Ch. U. Usmanov* u. Mitarb. [8] wiesen eine zunehmende Benetzungswärme mit der Strahlendosis bei Baumwolle und VI-F nach, was auf Änderungen in der molekularen Packungsdichte zurückgeführt wird. Nach *I. Polčin* u. Mitarb. [17, 18] wird die Anordnung in den röntgenographisch nachweisbaren Kristalliten bis zu einer Dosis von 5 · 10^7 rad nicht gestört, lediglich in den weniger geordneten Bereichen kommt es zu Lockerungen. Offensichtlich sind die Ursachen für diese Erscheinungen in der Ausbildung von labilen Querbindungen (Peroxide) zu suchen. Beim Lösen in Cuen werden diese Querbindungen zerstört. Die Gültigkeit der Gleichung von *H. Masao* u. Mitarb. [19] für die Abhängigkeit des Durchschnittspolymerisationsgrades von der Bestrahlungsdosis zeigt, daß unter den Versuchsbedingungen der molekulare Abbau von Viskosefaserstoffen unabhängig von der thermischen Nachbehandlung ist.

Tabelle 3. Meßergebnisse an mit einer Dosis von 3 · 10^6 rad bestrahltem und verschieden vor- und nachbehandeltem VI-F-Gewebe

Proben-Nr.	Vorbehandlung	Nachbehandlung	Prüfabstand [Tage]	Reißkraft P_{max} [p] normaltrocken	Reißkraft P_{max} [p] naß	Reißdehnung δ_{max} [%] normaltrocken	Reißdehnung δ_{max} [%] naß	Wasserrückhaltevermögen [%]	Durchschnittspolymerisationsgrad
Ausgangsmaterial		—	—	812	445	14,5	15,5	72,0	278
16	keine	keine	1	700	374	12,2	13,8	—	—
17	keine	keine	35	745	362	14,1	15,2	71,2	154
18	keine	keine	70	684	334	13,5	12,9	—	—
19	keine	4 min bei 80 °C in H_2O, Lufttrocknen	1	408	307	9,1	12,4	69,1	—
20	keine	4 min bei 80 °C in H_2O, Lufttrocknen	36	597	291	11,9	12,6	69,3	152
21	keine	4 min bei 80 °C in H_2O, Lufttrocknen	81	648	292	13,8	12,9	—	—
22	Befeuchten 90%	Lufttrocknen	34	662	321	13,9	13,2	—	—
23	Befeuchten 90%	Lufttrocknen	69	659	327	12,1	12,2	70,3	152
24	Befeuchten 90%	Trocknen 80 °C, 3 h	34	685	324	14,5	12,7	69,6	154
25	Befeuchten 90%	Trocknen 80 °C, 3 h	69	672	287	13,7	11,3	—	—

6. *Experimenteller Teil*

Viskosefasergewebe: VI-F „Merinova" (VEB Chemiefaserwerk Schwarza „Wilhelm Pieck", Rudolstadt/Thür.) Kammgarntyp, rohweiß, matt.

Gewebekonstruktion: Kette und Schuß Nm 32/2, Leinwandbindung, Fadenzahl in Kette 175/10 cm, in Schuß 168/10 cm, Vorbehandlung: gewaschen, entschlichtet.

Bestrahlung: Die Bestrahlung erfolgte an einem *Van-de-Graaff*-Generator. Die Dosisleistung betrug bei einer Elektronenenergie von 1 MeV $2 \cdot 10^8$ rad/h.

Vor- und Nachbehandlungen: Dämpfen im Autoklav, Befeuchten mittels Wringmaschine.

Scheuerbeständigkeit: (Anzahl der Doppelscheuerungen (DS) bis zum Bruch) ermittelt mit dem Reibungspulsator nach *Bobeth/Hahn* mit Stahllamellen.

Knittererholungsvermögen: nach TGL 0-53890, Blatt 1 und 2, durch Messen des Knittererholungswinkels $\alpha_{0,5}$ und α_{30} nach 0,5 und 30 min Erholungsdauer.

Wasserrückhaltevermögen: nach TGL 142-2003.

Durchschnittspolymerisationsgrad: nach TGL 20072 (Entwurf) Blatt 1 (Cuen-Verfahren).

Abschließend sei Herrn Dr. *A. Ferse* für Diskussionen, Frau *A. Hachenberger*, Fräulein *A. Beier* und Frau *Ch. Otto* für die präzise Versuchsdurchführung gedankt.

8. *Literatur*

[1] *Heberlein, G.*, und *Münzel, F.:* Verfahren zur Verbesserung der mechanischen Eigenschaften von cellulosehaltigem Textilgut. SzP 383325, A.: 1. 10. 1959.

[2] *Heberlein, G.*, und *Münzel, F.:* Verfahren zur Verbesserung der mechanischen Eigenschaften von Textilien. SzP 383326, A.: 1. 10. 1959.

[3] *Heberlein, G.*, und *Münzel, F.:* Verfahren zur Verbesserung der mechanischen Eigenschaften von cellulosehaltigem Textilgut. SzP 407031, A.: 7. 12. 1959.

[4] *Heberlein, G.*, und *Münzel, F.:* Verfahren zur Verbesserung der mechanischen Eigenschaften von cellulosehaltigem Textilgut. SzP 407032, A.: 18. 3. 1960.

[5] *Klejn, G. A., Osipova, L. Ch., Tichomolova, M. P.*, und *Filippov, A. N.:* Wirkung von Kernstrahlung und Strahlenpfropfen auf Faserstoffe. Moskau: Verlag Leichtindustrie 1968.

[6] *Heberlein & Co.:* Verfahren zur Herabsetzung der Quellbarkeit und Erhöhung der Dimensionsstabilität von Folien aus cellulosehaltigem Material, insbesondere regenerierter Cellulose. OeP 233268, A.: 14. 4. 1960.

[7] *Teszler, O., Wiehart, H.*, und *Rutherford, H. A.:* The effect of nuclear radiation on fibrous materials. Part II: Dyeing characteristics of irradiated cotton and rayon. Textile Res. J. **28** (1958) S. 131–135.

[8] *Usmanov, Ch. U., Kalabanovskaja, E. I.*, und *Domovskij, P. B.:* Einwirkung von γ-Strahlen auf Cellulosefaserstoffe. Vysokomol. Soed. (Hochmol. Verb.) **3** (1961) S. 223–227.

[9] *Glegg, R. E.*, und *Kertecz, Z. I.:* Aftereffect in the degradation of cellulose and pectin by gamma rays. Science **124** (1956) 322, S. 893–894.

[10] *Glegg, R. E.*, und *Kertecz, Z. I.:* Effect of gamma radiation on cellulose. J. Polymer Sci. **36** (1957) S. 289–297.

[11] *Blouin, F. A.*, und *Arthur, J. C., jr.:* The effects of gamma radiation on cotton. Part V: Postirradiation reactions. Textile Res. J. **33** (1963) 9, S. 727–737.

[12] *Pande, A.:* The effects of nuclear radiation on cotton cellulose. I, II, III. Textile Rec. **82** (1964) 977, S. 60 bis 62; 978, S. 78–79; 979, S. 73, 80.

[13] *Chapiro, A.:* Radiation chemistry of polymeric systems. New York/London: Interscience Publ. Wiley & Sons 1962, S. 533.

[14] *Krässig, H.:* Der Strahlenabbau der Cellulose und sein Einfluß auf die Festigkeit von Cellulosefasern. Papier **21** (1967) 10A, S. 629–635.

[15] *Rexer, E.*, und *Wuckel, L.:* Chemische Veränderungen von Stoffen durch energiereiche Strahlung. Leipzig: Dt. Verlag f. Grundstoffind. 1965, S. 199, 207.

[16] *Arthur, J. C., jr., Blouin, F. A.*, und *Demint, R. J.:* The effects of gamma radiation on cotton cellulose. Amer. Dyestuff Rep. **49** (1960) 11, S. 383–388.

[17] *Polčin, J.:* Der Einfluß ionisierender Strahlung auf die Polymolekularität der Cellulose. Faserforsch. u. Textiltechnik **17** (1966) 3, S. 128–132.

[18] *Polčin, J., Valcek, F., Felcanová, A.*, und *Vargová, G.:* Einfluß der ionisierenden Strahlung auf Cellulose im Hinblick auf ihre übermolekulare Struktur. Cellulose Chem. Technology, Jassy/Rum. **1** (1967) 3, S. 259–266.

[19] *Masao, H., Rikizo, I.*, und *Hideya, M.:* Bull. Inst. Chem. Res. Kyoto Univ. **41** (1963) S. 17–38; zitiert bei [5].

Eingegangen am 1. April 1969

Faserforschung und Textiltechnik 20 (1969) Heft 10

Kurze Mitteilungen[1)]

Einige Ergebnisse optischer Untersuchungen zur Fadenbildung und Kaltreckung von Polyamid 6

DK 677.494.675'126:677.494.021.5:677.494.021.94:535.55:535.32

1. Einleitung

Optische Methoden, speziell die Brechungsindex- und die Doppelbrechungsmessung, haben gegenüber anderen physikalischen Verfahren zur o. g. Thematik den Vorteil, daß mit ihnen im Bedarfsfalle die Fadenbildung und Reckung in mikroskopischen Bereichen in apparativ einfacher Weise untersucht werden können. Speziell mit der Doppelbrechungsmessung können kleine Anfangsorientierungen sowohl am laufenden als auch am ruhenden Faden erfaßt werden. Mehrere Autoren wandten deshalb diese Methode erfolgreich an [1, 3, 4, 6, 9, 10]. Insbesondere wurden bei der Fadenbildung der Einfluß der Abzugsgeschwindigkeit [3, 6, 9], der Spinntemperatur [6, 9] und des Polymerisationsgrades [6] erfaßt. Darüber hinaus werden in der vorliegenden Arbeit die Ergebnisse der optischen Untersuchungen über den Einfluß der Anblasgeschwindigkeit, die Vorgänge auf der Spinnspule und die Wirkung der Präparation (Öl in Wasser-Emulsion) auf die Fadenbildung angegeben. Bei der Kaltreckung werden speziell die Zusammenhänge zwischen optischen und mechanischen Eigenschaften sowie deren Ungleichmäßigkeit untersucht (speziell der Reißdehnung).

2. Theoretische Betrachtungen

Für die Anwendung der *optischen Methoden* werden zunächst die Ergebnisse der theoretischen Betrachtungen über den Brechungsindex und die Doppelbrechung mitgeteilt.

Es ergibt sich, daß der *Brechungsindex* von linearen Hochpolymeren mit polymerhomologen Reihen eine Funktion der Art der Grundmoleküle und der Endgruppen, des Zahlenmittels des Polymerisationsgrades und der Temperatur des hochpolymeren Fadens ist [2, 8]. Darüber hinaus ist bei Anwesenheit von chemisch gebundenen und eingelagerten Fremdsubstanzen der Brechungsindex von der Art und dem Zahlenmittel der Substitutionsgrade der genannten Fremdsubstanzen abhängig [5].

Die *Veränderung des Brechungsindexes* durch Strahlungseinwirkung wird beschrieben und für einfache Spezialfälle nachgewiesen, daß sich die Gesamtwirkung der Quanten eines Linienstrahlers in bezug auf den Brechungsindex näherungsweise als Summe der Wirkungen der Quanten der einzelnen Wellenlängen darstellen läßt [5].

Für die *Doppelbrechung* eines partiell kristallinen Faserstoffes wird unter Verwendung des Anisotropie-Operators aus den Gleichungen für den Brechungsindex ein allgemeiner Ausdruck abgeleitet. Die Doppelbrechung ergibt sich aus den Beträgen der verschiedenen Bereiche mit Hilfe der relativen Volumenanteile. Die maximale Eigendoppelbrechung der kristallinen Bereiche ist bestimmt, wenn die spezifischen molaren Doppelrefraktionen der Grundmoleküle, der Endgruppen und der chemisch gebundenen Fremdsubstanzen, das Zahlenmittel des Polymerisationsgrades und der Substitutionsgrade der chemisch gebundenen Fremdsubstanzen sowie die Temperatur bekannt sind. (Für Polyamid-6-Fäden ergeben sich wegen der Unsicherheit der spezifischen molaren Doppelrefraktion der C-N-Bindung für die maximale Eigendoppelbrechung die Werte 0,0746, 0,12 und 0,135, d. h. die Größenordnung von 0,1. Für Polyester wird 0,2, für Polyacrylnitril −0,07 und für Polyäthylen wird 0,063 erhalten) [5].

3. Experimentelle Methoden

Die *Messung des Brechungsindexes* gegen Luft wird mit einem Interferenzmikroskop vorgenommen, das nach dem *Shearing*-Verfahren mit totaler Bildaufspaltung arbeitet. Dabei werden Durchmesseränderungen, die unterhalb der Auflösungsgrenze des Mikroskopes liegen, korrekturmäßig erfaßt [5].

Die *Messung der Doppelbrechung* erfolgt mit einem horizontal aufgestellten Polarisationsmikroskop, das mit einem Spezialobjektiv (großer Arbeitsabstand), Metallfadenführer und Okularschraubenmikrometer ausgerüstet ist [5].

4. Fadenbildung von Polyamid 6

Die Anwendung der optischen Methoden ergibt bei 40 µm dicken, ungereckten Fäden vier charakteristische Änderungen der Doppelbrechung von der Spinndüse bis zur Lagerung von einigen Tagen auf der Spinnspule:

4.1. Starke Änderung des Durchmessers unmittelbar unter der Düse (bis ca. 60 cm bei 850 m/min Abzugsgeschwindigkeit), wobei die *Orientierung der Makromoleküle* beginnt.

4.2. Änderung der Doppelbrechung um ca. eine Zehnerpotenz (z. B. von 0,0002 auf 0,002) bei konstantem Durchmesser (von ca. 60 cm bis ca. 200 cm Spinndüsenabstand), wobei die Orientierung der Makromoleküle wahrscheinlich von einer *Kristallkeimbildung* begleitet wird.

4.3. Auf der Spinnspule erfolgt nochmals in den ersten 10 bis 20 min eine Änderung der Doppelbrechung um ca. eine Zehnerpotenz (z. B. von 0,0020 auf 0,012) bei konstantem Durchmesser, wobei mittels polarisations- und interferenzmikroskopischer Messungen nachgewiesen wird, daß hierbei eine *orientierte Kristallisation* stattfindet (z. B. ergibt sich die Konstante K' der Gleichung $\Delta \underset{\parallel}{\triangle} n = K' \Delta \delta_c$ (Änderung der Doppelbrechung und des Ordnungsgrades) theoretisch zu $< 0{,}096$, während experimentell $0{,}084 \pm 0{,}03$ erhalten wird).

4.4. Innerhalb von einigen Tagen ändert sich die Doppelbrechung nochmals um ca. 20%, wobei orientiertes Wachstum und spontane Orientierung infolge *orientierter Platzwechsel* möglich sein können.

Mit der *Anblasgeschwindigkeit* ändert sich die Doppelbrechung am laufenden Faden von z. B. 0,0002 auf 0,0015, wenn die Geschwindigkeit von 0 auf 120 cm/s erhöht wird. Wegen des Zusammenhanges von Doppelbrechung, Fadenspannung und Anblasgeschwindigkeit ist die Tendenz verständlich.

Alle oben angegebenen Doppelbrechungswerte auf der Spinnspule beziehen sich auf *präparierte* Polyamidseide. *Unpräparierte* Polyamidseide besitzt nach einigen Tagen Lagerung um ca. 0,003 größere Werte, während kurz nach dem Erspinnen umgekehrte Verhältnisse vorliegen. Dieses Wechselspiel ist durch das Zusammenwirken der Kinetik der Kristallgitterbildung und der Wasseraufnahme einfach zu erklären [5].

5. Kaltreckung von Polyamid 6

Während bei der Fadenbildung der Zusammenhang zwischen Doppelbrechung, Spinntemperatur (umgekehrt proportional) und Polymerisationsgrad (proportional zur Dop-

[1)] Die Veröffentlichung der „Kurzen Mitteilungen" erfolgt unter alleiniger Verantwortung der Verfasser.

pelbrechung) in allen oben angegebenen Stufen erhalten bleibt, geht bei der Kaltreckung dieser Zusammenhang immer mehr zurück. Die Ursache dafür sind meßtechnische und prinzipielle Gründe. Mit zunehmender Reckung strebt die Doppelbrechung einem konstanten Endwert zu. Daraus ergibt sich andererseits für die Reißdehnung $\delta p_{\max}$ in Abhängigkeit von der Doppelbrechung der ungereckten Polyamidseide Δn_u und dem Verstreckverhältnis r näherungsweise

$$\delta p_{\max} = \left(\frac{0{,}1 - \Delta n_u}{0{,}04}\right)^2 \frac{1}{r} - 1 = K'''^2 \frac{1}{r} - 1\,. \tag{1}$$

Die Ungleichmäßigkeit der Reißdehnung wird aus (1) bestimmt zu

$$V_\delta = \frac{2K'''}{K'''^2 - r} \cdot \frac{\Delta \Delta n_u}{0{,}04}. \tag{2}$$

Damit sind die für die Doppelbrechung diskutierten Abhängigkeiten auf die Reißdehnung übertragbar (z. B., daß die Ungleichmäßigkeit der Reißdehnung mit der Spinntemperatur abnimmt). Für die Reißkraft und deren Ungleichmäßigkeit gelten die umgekehrten Verhältnisse.

Literatur

[1] *Barret, P. T.:* Polarisationsoptisches Verfahren zur Regelung der Gleichmäßigkeit der Eigenschaften von schmelzgesponnenen Fäden während des Spinnens. DAS 1097167 vom 12. 1. 64.

[2] *Géczy, I.:* Synthetische lineare Polymere XII. Die Änderung des Brechungsindexes polymerhomologer Verbindungen mit der Molekülgröße. Acta Chim. Hung. **37** (1963) S. 435–442.

[3] *Hamana, I.:* Der Verlauf der Fadenbildung beim Schmelzspinnen. Vortrag: VII. Internationale Chemiefasertagung in Dornbirn, 25. bis 27. 6. 1968.

[4] *Hearle, J. W. S.*, und *Peters, R. H.:* Fibre Structure. Manchester und London: The Textile Institute, Butterworths 1963.

[5] *Kaufmann, S.:* Optische Bestimmung der übermolekularen Struktur von partiell kristallinen Faserstoffen, insbesondere von Polamid 6. Dissertation PH Potsdam 1967.

[6] *Nishiumi, S.*, *Fujioka, K.*, *Kobayashi, T.*, *Hashimoto, S.*, und *Akatsuka, T.:* Thermal, Mechanical and Structural Change in the Melt Spinning Process. Manuskript.

[7] *Nishiumi, S.*, *Fujioka, K.*, und *Kobayashi, T.:* Structural Change of Undrawn Nylon 6 and Isotactic Polypropylene Yarn. Manuskript.

[8] *Überreiter, K.*, und *Kanig, G.:* Self-Plasticization of Polymers. J. Colloid Sci. **7** (1952) 6, S. 569–583.

[9] *Ziabicki, A.*, und *Kedzierska, K.:* Studies on the Orientation Phenomena by Fiber Formation from Polymer Melts. Part I. Preliminary investigations on Polycaproamide. J. appl. Polymer Sci. **2** (1959) 4, S. 14–23.

[10] *Ziabicki, A.:* Physikalische Grundlagen für das Erspinnen von Chemiefasern. Chim. Volokna (Chem. Fasern) **6** (1964) 2, S. 8–19.

Siegfried Kaufmann
Institut für Textiltechnologie der Chemiefasern
Rudolstadt-Schwarza

Eingegangen am 20. Mai 1969

Neue Bücher

Technik-Wörterbuch „Hochpolymere“. Von *Wladimir Dawydoff* und *Horst Howorka.* Berlin: Verlag Technik 1968. 959 S. Kunstl. M 75,–.

Das Technik-Wörterbuch „Hochpolymere“ umfaßt ca. 10000 Fachbegriffe aus dem Gebiet der Hochpolymeren. Das Buch besteht aus 4 Teilen (Englisch, Deutsch, Französisch, Russisch). In jedem Teil sind die Wörter in der jeweiligen Sprache alphabetisch aufgeführt. Hinter jedem Wort stehen die Übersetzungen in den drei anderen Sprachen.

Da eine Information und Verfolgung des neuesten Standes der Wissenschaft und Technik auf dem Gebiet der Hochpolymeren notwendigerweise das Studium fremdsprachlicher Literatur einschließt, ist die Herausgabe des Wörterbuches „Hochpolymere“ zu begrüßen. Die gängigen Wörterbücher umfassen die zahlreichen Spezialausdrücke aus dem Gebiet der Hochpolymeren nicht. Aus diesem Grund liegt der Schwerpunkt des Wörterbuches „Hochpolymere“ auch gerade auf dem Gebiet dieser Spezialbegriffe.

Es werden die Fachbegriffe auf dem Gebiet der wissenschaftlichen Grundlagen (Chemie, Physik, Physikalische Chemie) der Hochpolymeren: Plaste, Elaste, Faserstoffe, Lacke, Klebstoffe und Holzwerkstoffe berücksichtigt. Weiterhin umfaßt das Wörterbuch Begriffe aus dem Gebiet der Herstellungsverfahren wie z. B. Polymerisation, Polykondensation und Copolymerisation, der Verarbeitungstechnik und Verarbeitungsgeräte wie z. B. Spinnen, Vulkanisieren, Extrudieren, Pressen und der Prüftechnik wie z. B. Chemische Prüfung, Elektrische Prüfung und Thermische Prüfung.

Es konnte festgestellt werden, daß alle wichtigen Fachbegriffe aufgenommen sind; nur der Ausdruck Stereokautschuk wurde vermißt. Die Übersetzung der Fachbegriffe kann als exakt angesehen werden. Allerdings sollte überlegt werden, ob in einem Fachwörterbuch wissenschaftliche Begriffe in deutscher Sprache wie z. B. Zellulose, Zyklopentanonoxim und Kopolymerisation nicht in der in dieser Fachdisziplin üblichen Schreibweise mit c wiedergegeben werden sollten.

Die Anordnung und der Druck des Wörterbuches sind übersichtlich. Die Herausgabe des Werkes ist sehr zu begrüßen. Eine weite Verbreitung ist wünschenswert.

K. Gehrke

Surfaces and Coatings related to Paper and Wood. Hgg. von *R. H. Marchessault* und *Christen Skaar,* mit einem Vorwort von *Peter J. W. Debye.* Syracuse/New York: Syracuse University Press, 1967. 507 S., mit 207 Abb. und 45 Tab. Lwd. 14,00 $.

Der Band enthält alle 15 Vorträge des unter dem Titel „von der Rheologie bis zur Xerographie“ an der Forstwissenschaftlichen Fakultät der Universität Syracuse während des Herbstsemesters 1965 abgehaltenen Symposiums. Maßgebliche Fachleute von Universitäten und aus der Industrie referierten über folgende Themenkomplexe:

I. Eigenschaften und Rheologie von konzentrierten Lösungen, Suspensionen und Festkörpern (4 Vorträge).
II. Eigenschaften von und Wechselwirkungen an Grenzflächen (5 Vorträge).
III. Neue Fortschritte in der Oberflächenwissenschaft (6 Vorträge).

Die Vorträge im einzelnen zum Themenkomplex I:

S. G. Mason äußert sich auf 23 S. über „Die Fließeigenschaften von Modellsystemen“, wobei er Aspekte des mikrorheologischen Verhaltens dispergierter Partikel unter idealisierten Bedingungen behandelt.

I. M. Krieger diskutiert in seinem Beitrag „Fließeigenschaften von Latex und konzentrierten Lösungen“ (26 S.) das Fließverhalten von Newtonschen Flüssigkeiten und von kolloidalen Dispersionen.

A. V. Tobolksy geht in seinem Vortrag „Viscoelastizität von amorphen Festkörpern und Polymeren“ (13 S.) auf die

Temperatur- und Zeitabhängigkeit viscoelastischer Größen ein.

P. E. Wrist wendet sich schließlich den „Fließeigenschaften von Faser-Suspensionen" (28 S.) zu.

Die theoretischen Aspekte des Grenzflächenverhaltens von Polymeren wurden im Themenkomplex II behandelt:

F. M. Fowkes macht in seinem Beitrag „Molekularkräfte an Grenzflächen" (26 S.) Randwinkel, Grenzflächenspannungen, Adhäsion und Spreiten von Flüssigkeiten zum Gegenstand seiner Untersuchungen.

A. C. Zettlemoyer „Die Adsorption aus Lösungen und die Benetzung von Festkörpern durch Flüssigkeiten" (29 S.) erläutert vom Standpunkt des Thermodynamikers aus die Vorgänge an Festkörper/Flüssigkeits-Grenzflächen.

J. Th. G. Overbeek stellt die „Stabilität kolloidaler Systeme" in Abhängigkeit von den zwischenmolekularen Kräften dar.

D. Tollenhaar weist in seinem Vortrag „Kapillarität und Benetzung von Papierstrukturen: Eigenschaften von porösen Systemen" (24 S.) auf die Bedeutung der Kapillarbenetzung bei porösen Substanzen hin.

In einem besonders ausführlichen Abschnitt beschäftigt sich *A. H. Nissan* auf 44 S. mit der „Bedeutung der Wasserstoff-Brückenbindung bei Cellulose-Netzwerkstrukturen".

Stärker praxisverbundene Probleme beinhaltet der Themenkomplex III:

V. T. Stannett befaßt sich auf 34 S. mit dem „Mechanismus der Naßfestigkeit von Papier" in verschiedenen organischen Flüssigkeiten und deren Beeinflussung durch geeignete Verbindungen.

F. H. Frost beschäftigt sich mit den Grundlagen und den Methoden der „Papierbeschichtung" (22 S.).

J. J. Bulloff überschreibt seinen Vortrag „Bedruckbarkeit von Papier- und Pappeoberflächen" (61 S.).

A. J. Stamm richtet auf 26 S. im Artikel „Oberflächencharakteristika von Holz und Cellulose" sein Augenmerk auf Probleme der Oberflächengrößenbestimmung und der Grenzflächenenergetik von Holz- und Celluloseoberflächen.

E. G. Bobalek „Methoden der Holzausrüstung" (47 S.) gibt einen Überblick über die Methoden der Holzveredlung und weist insbesondere auf dieBedeutung der Anwendungsbedingungen hin.

C. E. Rogers „Polymerfilme als Beschichtungsmittel" (27 S.) untersucht die Permeabilität von Polymerfilmen und ihre Adhäsion an Papieroberflächen.

Am Ende jedes Vortrages befindet sich ein Literaturverzeichnis, das dem interessierten Leser den Zugang zur Originalliteratur gestattet.

Das Buch stellt einen gelungenen Versuch dar, theoretische und praktische Aspekte der Oberflächenbehandlung von Holz und Papier umfassend und tiefschürfend zu behandeln. Dem Anliegen des Symposiums, dem Dialog zwischen Technologen und Forschern zu dienen, entspräche der Bericht sicher noch besser, wenn er — abgesehen von einigen Druckfehlern und den mitunter ungenauen Literaturverzeichnissen — dem Leser einen Einblick in die sicher sehr interessanten Diskussionsbeiträge gewährte. Trotz dieser Vorbehalte ist der Band allen, die sich mit dem Grenzflächenverhalten von Polymeren befassen, sehr zu empfehlen. *K.-H. Goebel*

Über die Reaktion von Chlor, Natriumsulfit und Natriumdithionit mit Wollkeratin. Von *Giselher Valk*. Forschungsberichte des Landes Nordrhein-Westfalen. Nr. 1935. Köln und Opladen: Westdeutscher Verlag 1968. 58 S., 36 Abb., 7 Tab. Broschiert DM 30,80.

Viele industriell wichtige Verfahren zur Antifilzausrüstung der Wolle beruhen auf der Anwendung von Chlor oder Chlorverbindungen, wenn auch neben Chlor andere Oxydationsmittel, wie z. B. Kaliumpermanganat oder Peroxysäuren, zum Einsatz kommen. Zur Entfernung des auf der Faser verbliebenen überschüssigen Oxydationsmittels, der Verbesserung des Antifilzeffektes sowie zur Bleiche der durch die Oxydation vergilbten Wolle ist anschließend eine reduktive Nachbehandlung mit Na-sulfit oder Na-dithionit erforderlich. Trotz der schon seit langem bekannten Chlorierungsverfahren ist bis heute noch nicht geklärt, welche der chemischen Reaktionen zur Erzielung von Antifilzeffekten unbedingt notwendig ist. Die Spaltung der Cystin-Disulfid-Bindung ist zwar eine notwendige, jedoch keine hinreichende Voraussetzung.

Der Verfasser hatte sich mit seinen Mitarbeitern im Deutschen Wollforschungsinstitut, Aachen, die Aufgabe gestellt, die zur Erzielung von Antifilzeffekten erforderlichen chemischen Reaktionen zu ermitteln und gleichzeitig zu klären, welche morphologischen Komponenten außer der Schuppenschicht bei der Ausrüstung beeinflußt werden müssen. Ferner sollten die Bedingungen bei der reduktiven Nachbehandlung zur Erzielung eines optimalen Bleich- und Antifilzeffektes ermittelt werden.

Zur Untersuchung der Verhältnisse wurde Merinowolle mit wäßriger Chlorlösung verschiedener Konzentrationen bei pH-Werten von 2 bis 10 behandelt, wobei charakteristische Unterschiede in der Reaktionsweise von Lösungen auftraten, die überwiegend freies Chlor (pH = 2), undissoziierte unterchlorige Säure (pH = 4 bis 7) und Hypochloritionen (pH über 8) enthalten. Der stärkste Keratinabbau erfolgte im pH-Bereich der unterchlorigen Säure. Der Abbau wurde durch Aminosäureanalyse, Chromatographie, Gelfiltration und Borhydridreduktion nachgewiesen. Es wurde gezeigt, daß neben der Spaltung von Wollcystin und einer oxydativen Veränderung auch die Beeinflussung der zwischen Cuticula und Cortex gelegenen Schicht sowie des Faserstammes bei der Antifilzausrüstung der Wolle eine Rolle spielen kann. Die letztgenannten Veränderungen beruhen insbesondere auf der Entfernung der zwischen den Mikrofibrillen befindlichen Kittsubstanz (Matrix), wodurch die Steifigkeit der Einzelfasern beeinflußt wird. Nach der Behandlung alkalisch chlorierter Wolle mit Na-sulfit und Na-dithionit bei pH-Werten von 2 bis 10 zeigte sich, daß mit Na-sulfit die maximale Thiolbildung bei pH = 3,5 und mit Natriumdithionit bei pH = 4,5 auftrat. Bei diesen pH-Werten ist auch neben der Sulfitolyse des Wollcystins der durch die Nachbehandlung erzielbare Bleicheffekt am größten. Da der Antifilzeffekt jedoch besonders bei der Nachbehandlung im alkalischen Medium verstärkt wird, ist eine Kombination von optimaler Bleiche mit größtmöglichem Antifilzeffekt bei der Nachbehandlung nicht in einem Arbeitsgang möglich.

Ein umfangreiches Literaturverzeichnis (176 Literaturstellen) ermöglicht einen guten Überblick über den derzeitigen wissenschaftlichen Stand.

Es kann dem Verfasser bescheinigt werden, daß die ausgeführte Arbeit einen wertvollen Beitrag zur Chemie der Antifilzausrüstung von Wolle darstellt und unsere Erkenntnisse auf dem speziellen Gebiet der oxydativen Antifilzausrüstung damit wesentlich vertieft wurden. Allen denjenigen Fachkollegen, die sich mit der wissenschaftlichen Bearbeitung und Weiterentwicklung der Antifilzausrüstung der Wolle beschäftigen, ist die Lektüre dieser Broschüre zu empfehlen. *H. Petzold*

Meßverfahren unter Anwendung ionisierender Strahlen. Hgg. von *Werner Hartmann*. Bd. V von: *Handbuch der Meßtechnik in der Betriebskontrolle.* Hgg. von *Josef Stanek*. Leipzig: Akad. Verlagsges. Geest & Portig 1969. 1143 S., 750 Abb. 147 Tab. Kldr., M 115,—.

Das Buch stellt den Band V des geplanten sechsbändigen Handbuchs der Meßtechnik in der Betriebskontrolle dar. Das Erscheinen der Bände I (Querschnittsprobleme der Betriebskontrolle), II (Mengen- und Strömungsmessung mit mechanischen und elektrotechnischen Hilfsmitteln), III (Druck und Wärme), IV (Optische Meßverfahren) sowie VI (Physikalisch-chemische Meßverfahren) wird für die nächsten Jahre vorbereitet.

Unter Anleitung von Prof. Dr.-Ing. habil. *Werner Hartmann* haben 24 Autoren die Erkenntnisse bei der Anwendung von ionisierenden Strahlen in Forschung und industrieller Produktion zusammengetragen. Das Buch gliedert sich in 18 Kapitel, wobei in Kapitel 1 (162 Seiten) über *physikalisch-technische Grundlagen der Strahlungsanwendung*, im Kapitel 2 (14 Seiten) über *Strahlenschutz und Dosimetrie*, im Kapitel 3 (50 Seiten) über *Feinstrukturanalyse mit Röntgenstrahlen*, im Kapitel 4 (94 Seiten) über *Spektralanalyse mit Röntgenstrahlen*, im Kapitel 5 (64 Seiten) über *Grobstruktur-Materialprüfung mit Röntgenstrahlen*, im Kapitel 6 (62 Seiten) über *Gammadefektoskopie*, im Kapitel 7 (84 Seiten) über *Verfahren zur Untersuchung von Stoffzusammensetzungen durch Messung von Streuung und Absorption von Kernstrahlung und Anregung von Sekundärstrahlung*, im Kapitel 8 (24 Seiten) über *radiometrische Verfahren zur Bestimmung des Aschegehaltes und des Heizwertes von Kohle*, im Kapitel 9 (56 Seiten) über *Messung der Feuchte und der Wasserstoffkonzentration mittels Neutronen*, im Kapitel 10 (28 Seiten) über *Ionisationsanalyse*, im Kapitel 11 (88 Seiten) über *Aktivierungsanalyse*, im Kapitel 12 (20 Seiten) über *K_2O-Bestimmung*, im Kapitel 13 (82 Seiten) über *Markierung durch radioaktive Nuklide*, im Kapitel 14 (20 Seiten) über *Autoradiografie*, im Kapitel 15 (70 Seiten) über *Dickenmessung*, im Kapitel 16 (100 Seiten) über *Dichtemessung*, im Kapitel 17 (32 Seiten) über *Strömungsmessung* und im Kapitel 18 (55 Seiten) über *Niveaukontrolle und Standmessung* berichtet wird.

Die Erkenntnisse der Kernphysik haben in den vergangenen Jahren ihren Niederschlag auch in einer Vielfalt von Anwendungen auf dem Gebiete der Textilindustrie und Textilforschung gefunden, wovon besonders die Kapitel 13 und 15 ein beredtes Zeugnis ablegen. Während durch Markierung mit radioaktiven Nukliden wertvolle Erkenntnisse z. B. bei Adsorptionsvorgängen, bei der *Reinigung von Textilien* (Abschnitt 13.4.4.1) sowie bei der Bestimmung der *Verteilung von Textilhilfsmitteln auf Faserstoffen* (Abschnitt 13.4.5) erhalten werden können, stellt die *Dickenmessung* (Rückstreumessung bzw. Durchstrahlungsmessung) mittels radioaktiver Nuklide ein Verfahren dar, mit dem ein hoher ökonomischer Effekt z. B. bei der Beschichtung von Textilbahnen zu erreichen ist. Die *Aktivierungsanalyse* (Kapitel 11) bietet darüber hinaus die Möglichkeit, die verschiedensten Untersuchungen unter Produktionsverhältnissen „inaktiv" durchzuführen (z. B. Bestimmung der Verteilung von Präparationen auf Faserstoffen), weil durch Anwendung inaktiver Tracer, die erst nachträglich (z. B. durch Bestrahlung mit thermischen Neutronen im Kernreaktor) aktiviert werden, keine Verseuchung der Produktionsanlagen mit Radionukliden auftreten kann.

Beim intensiven Studium des Buches werden dem aufmerksamen Leser gewisse Unzulänglichkeiten nicht entgehen (z. B. Verwenden der Begriffe Flächengewicht, Flächenmasse, Flächenbelegung für die Masse je Flächeneinheit, Unvollständigkeiten im Namenregister, Ungenauigkeiten in den Literaturangaben), die jedoch den Wert dieses ausgezeichneten und in seiner Art einmalig dastehenden Buches in keiner Weise schmälern.

Durch dieses Werk, welches die diesbezügliche deutschsprachige Literatur in bisher nicht erreichter Weise bereichert, werden besonders Fachleute für den Einsatz der Betriebsmeß-, Steuer- und Regelungstechnik angesprochen. Darüber hinaus dürfte es für den Wissenschaftler, der in seinem Fachgebiet energiereiche Strahlen zur Lösung spezieller Probleme einzusetzen gedenkt, eine wertvolle Fundgrube darstellen. Den Autoren gebührt besonderes Lob für die umfassende und streng gegliederte Darstellung eines derartig umfangreichen Wissensstoffes.

A. Heger

How to find out about the Wool Textile Industry. Von *Hugo Lemon.* Aus der Reihe: The Commonwealth and International Library of Science Technology Engineering and Liberal Studies. Oxford/London usw.: Pergamon Press 1968, XIV, 217 S. Lwd. 35 s.

Das Buch will, seinem Titel entsprechend, ein Wegweiser für alle die Interessenten der britischen Insel oder auch des Commonwealth sein, die mit Fragen der Ausbildung, der Forschung und der Verarbeitung im Bereich der Wollindustrie in Berührung kommen.

In seinem ersten Teil bringt das Buch eine Übersicht über die in England gegebenen Ausbildungsmöglichkeiten auf textilem und speziell auf dem Woll-Gebiet. Die Lehrfächer an den verschiedenen Institutionen mit Fach- und Hochschulcharakter werden dargelegt.

Anschließend werden die Organisationen beschrieben, die es innerhalb der britischen Wollindustrie gibt: Die drei zentralen Organisationen — The Wool Textile Delegation. The Wool (and Allied) Textile Employers' Council, The National Wool Textile Export Corporation — deren Aufgaben und Untergliederungen. Außerdem erscheinen die vielerlei anderen Verbände und Institutionen, die hinsichtlich Handel, Verarbeitung, Veredlung sowie Schafzucht, Publikationen, Informationswesen, Statistik und Standardisierung bestehen. Ein Überblick über die Forschungseinrichtungen für die Wollindustrie schließt sich an, ferner eine Übersicht über die regionale Verteilung der britischen Wollindustrie.

In einem weiteren Kapitel wird ein Abriß über die Wolle gegeben, von der Faserstruktur, dem Scheren und Sortieren über die verschiedenen Verarbeitungsstufen im Kammgarn- und Streichgarnprozeß (worsted and woollen yarn) bis zum Weben, Färben, Appretieren und Prüfen. Den knappen Ausführungen über jedes Gebiet sind jeweils einige Literaturangaben angefügt.

Einige Seiten mit der Erklärung englischer Fachausdrücke aus dem Wollsektor schließen das Buch ab.

L. Vollrath

Dispersionen synthetischer Hochpolymerer. Teil 1. *Eigenschaften, Herstellung und Prüfung.* Von *Friedrich Hölscher.* VIII, 182 S. Lwd. DM 48,—.

Dispersionen synthetischer Hochpolymerer. Teil 2. *Anwendung.* Von *Hans Reinhard.* VIII, 272 S. Lwd. DM 58.—.

(Chemie, Physik und Technologie der Kunststoffe in Einzeldarstellungen. Bd. 13 u. Bd. 14.) Berlin/Heidelberg/New York: Springer 1969.

Kunststoffdispersionen beanspruchen heute einen bedeutenden Marktanteil an der Polymerproduktion. Ihr Anwendungsgebiet reicht in alle Bereiche unseres Lebens. Es ist daher zu begrüßen, daß sich der Verlag entschlossen hat, diesem — auch für die Textiltechnologie wichtigen Gebiet — zwei Bände zu widmen. Beide Bände wurden von Fachleuten der BASF verfaßt und sollen den an Kunststoffdispersionen interessierten Chemikern, Chemieingenieuren und Studierenden einen allgemeinen Überblick geben über die Kolloidchemie und -physik wäßriger Dispersionen von synthetischen Hochpolymeren, über ihre Herstellung, Eigenschaften und Anwendungsgebiete.

Im ersten Band gibt *F. Hölscher* in drei Kapiteln einen Überblick über die Eigenschaften, die Herstellung und Prüfung von Kunststoffdispersionen. Im ersten Kapitel wird nach einer knappen historischen Einführung eine Definition des Gegenstandes und eine Klassifizierung der Dispersionen gegeben. Daran schließt sich ein Abschnitt über allgemeine Eigenschaften an, in dem die Teilchengröße und Verteilung und das Fließverhalten behandelt werden. Anschließend werden — ausgehend von den Eigenschaften des dispergierten Polymeren — die Einflüsse der Glastemperatur, der inneren und äußeren Weichmacher sowie Verzweigung und Vernetzung diskutiert. Ein Abschnitt über die Stabilität der Dispersionen und die verschiedenen Einflüsse auf die Stabilität beschließt das Kapitel.

Das zweite und umfangreichste Kapitel ist der Herstellung gewidmet. Zunächst wurden die Eigenschaften der Monomeren, Handhabung, Lagerung und Unfallverhütung besprochen. Daran schließt sich ein Abschnitt über die chemische Konstitution und Wirkungsweise der Dispergiermittel an. Die Abschnitte über Initiatoren und Zusätze sowie über den Mechanismus der Emulsionspolymerisation leiten zur Polymerisation über. Hier werden sowohl Laboratoriumsverfahren als auch technische Verfahren eingehend behandelt. Eine Übersicht über Lagerung, Transport und Handhabung der Dispersionen beschließt das Kapitel.

Im letzten Kapitel werden die üblichen Prüfverfahren zur Bestimmung des Feststoffgehaltes, des Koagulatgehaltes, die Viskosimetrie, Messung der Oberflächenspannung und der Teilchengröße, optische Verfahren und Bestimmung des Zeta-Potentials behandelt. Ein Anhang mit 337 Literaturangaben schließt den Band ab.

Der Band 2, verfaßt von *H. Reinhard*, behandelt den Einsatz von wäßrigen Dispersionen synthetischer Hochpolymerer auf den verschiedensten Anwendungsgebieten.

Ein einleitendes Kapitel stellt noch einmal die Bedeutung der wichtigsten Eigenschaften von Kunststoff-Dispersionen wie Teilchengröße, Oberflächenspannung, Fließverhalten, Stabilität und Filmbildevermögen für die Verarbeitung und Anwendung heraus.

In den darauf folgenden Kapiteln werden die vielfältigen Anwendungsgebiete mit den jeweiligen Angaben über Eigenschaften, Auswahl und Verfahrenstechnik in sich geschlossen behandelt. Eine vollständige Aufzählung verbietet sich aus Platzgründen — einige Stichwörter sollen daher die breite Palette aufzeigen: Putze und Anstriche, Spachtelmassen, Lacke, Klebstoffe, Beschichten von Papier und Folien, Textil- und Lederveredlung, Fußbodenpflegemittel etc.

Für die Leser dieser Zeitschrift dürfte besonders die Anwendung derartiger Dispersionen für das Textilgebiet von Interesse sein. Zunächst werden die Anwendung von Klebstoffen für die Textilverarbeitung sowie das Kleben und Kaschieren von Textilien behandelt. Ein weiteres Kapitel (38 Seiten) befaßt sich mit der Textilveredlung. Zunächst wird eine Übersicht über den Einsatz in der Färberei, besonders beim Pigmentdruck, gegeben. Behandelt werden weiter die verschiedenen Möglichkeiten zur Ausrüstung von Fasern und Textilien wie Knitter- und Krumpffreiausrüstung, Verfahren zur Erhöhung der Scheuerfestigkeit, Griffvariationen, Hydro- und Oleophobausrüstung, Schiebefest-, Maschenfest- und Antisnag-Ausrüstung, Mattierung und Flammfestausrüstung. Den Abschluß des Kapitels bildet eine Übersicht über die Einsatzmöglichkeiten bei der Textilbeschichtung und der Herstellung von Textilverbundstoffen (167 Lit.). Ein Anhang mit zahlreichen Literaturangaben für jedes Kapitel schließt den Band ab.

Beide Bände sind klar und übersichtlich gegliedert und bieten auf knappem Raum eine Fülle von Informationen. Druck und Ausstattung entsprechen der gewohnten Springer-Qualität. Dem Außenstehenden vermitteln beide Bände neben einem guten Überblick auch manche Anregung — aber auch der Fachmann, vor allem der Anwender, wird sie mit Gewinn lesen. Sie sollten daher in keiner Institution, die sich mit Hochpolymeren und deren Anwendung befaßt, fehlen. *H. Herma*

Mechanische Eigenschaften und Struktur von Polymeren. Von *A. V. Tobolsky*, bearbeitet und ergänzt von *M. Hoffmann*. Stuttgart: Berliner Union 1967. 372 S. mit 151 Abb. Lwd. DM 88,—.

Die Polymerwissenschaft ist seit ihren Gründerjahren interdisziplinär im Sinne einer Verknüpfung oder zumindest gemeinsamen Nutzung physikalischer und chemischer Denk- und Experimentierweisen. Gewiß beherrschen heute auch in der Polymerwissenschaft nur noch einige Hochbegabte das Repertoire aus beiden klassischen Disziplinen wirklich fundiert. Die Grundlagen der „anderen“ Disziplin sollte aber jeder in der Polymerenforschung Tätige kennen. Für die vielen Strebsamen, die diese Mindestforderung zu erfüllen trachten, wird das Buch von *Tobolsky* (Prof. am Dep. of Chemistry der Princeton University) Ansporn und Wegweiser, vor allem aber Wissensvermittler sein.

Der Autor selbst charakterisiert sein Anliegen so: „Dieses Buch versucht die Grundprinzipien des mechanischen Verhaltens der Polymere in Beziehung zu der Architektur der Moleküle und ihrer Bewegung darzustellen. Dabei sollen die Dinge so entwickelt werden, daß man von vertrauten Vorstellungen zu modernen übergeht und lästige mathematische Schwierigkeiten vermeidet, ohne Strenge oder Tiefe zu opfern.“ Besonders breiten Raum nimmt verständlicherweise das Forschungsgebiet des Autors, die Viskoelastizität, ein. Im Kapitel I „Elastizität und Viskosität“ werden Grundlagen knapp aber klar erörtert, so die Thermodynamik von Kompression und einfacher Dehnung, die Elastizität idealer Gummi-Netzwerke und das Maxwell-Modell der Viskoelastizität. Kapitel III bringt die mathematische Behandlung der Viskoelastizität, das Kapitel IV (Viskoelastisches Verhalten von Polymeren) befaßt sich mit den Spannungsrelaxationserscheinungen bei amorphen und kristallinen Polymeren, im Glaszustand und bei Netzwerken mit austauschfähigen Bindungen (Polysulfid-Elastomere, Siliconkautschuke, Ionomere). Das V. Kapitel gibt in zehn Abhandlungen Beispiele für chemische Spannungsrelaxation, insbesondere für Spannungsrelaxationserscheinungen bei oxydativer Spaltung hochungesättigter Kautschuke. Auch unter den im II. Kapitel zusammengefaßten „Ausgewählten Kapiteln der Physik der hochmolekularen Stoffe“ findet man wieder überwiegend Abhandlungen zur Viskoelastizität, daneben sind vier Arbeiten über Konformation und Ordnungszustand sowie über Thermodynamik und Kinetik der Kristallisation in Polymeren von allgemeinem Interesse. Im Kapitel VI (Polymerisationsgleichgewichte) werden Ring-Kettengleichgewicht und Polykondensationsgleichgewicht bei der Polycaprolactambildung behandelt, sowie Überlegungen zur Berechnung der Verteilungsfunktionen f_{AA}, f_{BB} und f_{AB} in Copolymeren angestellt.

In zehn Anhangsabschnitten werden schließlich ganz unterschiedliche Probleme in einer Art lexikalischer Kürze diskutiert:

Verteilungsfunktion; Konformationsentropie eines Gases; Zustandsgleichung von Molekülkristallen; Wahrscheinlichster Wert für das Quadrat des Kettenendenabstandes einer Kohlenwasserstoffkette; Gauß-Verteilung der Kettenendenabstände einer statistisch geknäuelten Kette; Molekulargewichtsverteilungen von unverzweigten Polymeren; Affine Transformation einer Kugel; Zustandsgleichung von Polymerketten und Netzwerkketten unter Berücksichtigung von Energie- und Entropieeffekten; Maximale Relaxationszeiten; Werte für T_i (Temperatur, bei der der 10-s-Modul den Wert 10^9 dyn/cm^2 hat) und T_g von einigen ausgewählten Polymeren.

Das Buch ist eine didaktisch und stilistisch hervorragend gestaltete Monographie über die Elastizität von Hochpolymeren, zugleich aber ein niveauvolles Problem-Lehrbuch über ausgewählte Kapitel der physikalischen Chemie der Polymeren. Polymerforschungsinstitute und entsprechende Einrichtungen der Polymerenindustrie sollten das Buch für ihre Mitarbeiter verfügbar halten. Für die immer noch recht zahlreichen Autodidakten der Polymerwissenschaft ist es ein vollgültiger Ersatz für einen ausgezeichneten Universitätskurs über das im Titel genannte Gebiet. *G. Reinisch*

Epoxy Resin Technology. Hgg. von *P. F. Bruins.* (Polymer Engineering and Technology.) New York/London/Sydney/Toronto: Interscience Publ./Wiley & Sons 1968. IX, 283 S. Lwd. 155 s.

Dieses Buch ist aus einem Übersichts-Seminar hervorgegangen, das in dem Polytechnischen Institut von Brooklyn stattgefunden hat. Repräsentanten der Kunststoffindustrie in den Vereinigten Staaten berichten über den Entwicklungsstand der Technologie auf dem Gebiete der Epoxidharze. Ohne zu sehr in die Details zu gehen, wird ein Überblick über das umfangreiche Gebiet gegeben, wobei besonders die einzigartige Variationsfähigkeit des Kunststoffes im Zusammenhang zwischen Herstellung, Eigenschaften und Anwendung dargelegt wird. Die wichtigsten chemischen Prozesse und Addukte werden durch Reaktionsgleichungen und Strukturformeln wiedergegeben. Daneben dienen zahlreiche Diagramme, Tabellen, Skizzen und photographische Abbildungen zur Veranschaulichung.

Das erste Kapitel des Buches befaßt sich mit der allgemeinen Chemie der Epoxidharze auf Basis Bisphenol/Aceton/Epichlorhydrin einschließlich der Reaktionen mit Aminen, Carbonsäuren und Anhydriden. Das zweite Kapitel bringt die Chemie, Eigenschaften und Anwendungen der cycloaliphatischen Epoxidharze, die besonders für Isolationszwecke in der Elektrotechnik geeignet sind. Unter gleichen Gesichtspunkten werden in dem nächsten Kapitel die Epoxidharze auf Basis Bisphenol/Formaldehyd/Epichlorhydrin, die Novolak-Harze sowie biegsame und flammfeste Variationen behandelt. In einem weiteren Kapitel werden die handelsüblichen Härtungsmittel im Hinblick auf beabsichtigte Verarbeitungseigenschaften wie Haftfähigkeit, Preßbarkeit, Fließfähigkeit besprochen. Hierzu sind 192 Patente aufgeführt. Dann folgt ein Kapitel, das zur Beurteilung und Zusammenstellung spezieller Epoxidharzsysteme mit reagierenden, füllenden und verstärkenden Komponenten anleitet. Die nächsten Kapitel sind auf spezielle Probleme wie Toxizität und Vorsichtsmaßnahmen, das Beschichten, die Adhäsion, Verformbarkeit und Einbettung gerichtet. Gesonderte kurze Kapitel gehen auf die Anwendung der Epoxidharze in der Elektroindustrie, im Schiffbau und allgemein für Überzüge zum Schutz gegen Korrosion, Abrasion, Verwesung, Fäulnis usw. ein.

Das aus der Praxis entstandene Buch läßt das Bemühen der Autoren erkennen, Ordnung in die Vielfalt der chemischen Vorgänge und diese in ständige Beziehung zur Nutzanwendung zu bringen. Dem Technologen gibt es Hinweise für gezielte Herstellung von Epoxidharzen jeglicher Art.

H. Reichert

Patentschau

Auszug aus der Lieferung 9/10/1969 der Patentschau „Faserstoffe und Textiltechnik", Ausgabe A: Faserstoffe einschl. Kunststoffe und organ. Grundsubstanzen, zusammengestellt von der Abteilung Wissenschaftliches Berichtswesen des Instituts für Faserstoff-Forschung der DAW, 153 Teltow-Seehof, Kantstr. 55

Die Patentschau ist nach der deutschen Patentklasseneinteilung gegliedert. Es bedeuten: DDP = DDR-Patent; DBP = Deutsches Bundespatent; DAS = (West)-Deutsche Auslegeschrift; OeP = Österreichisches Patent; PoP = Polnisches Patent; SzP = Schweizer Patent; FrP = Französisches Patent; GBP = Britisches Patent; JaP = Japanisches Patent; SvP = Schwedisches Patent; SUP = Sowjetisches Patent; ČSP = Tschechoslowakisches Patent; USP = Amerikanisches Patent; A = Anmeldedatum, B = Tag der Ausgabe der Patent- bzw. Auslegeschrift.

Klasse 12o, 6. Synthetische Derivate der Kohlenhydrate u. dgl. z. B. Celluloseester, auch Viskose

JaP 26880/68. Cellulose-Xanthogenat. Inh.: Teijin Ltd. A. 5. 4. 66. B. 19. 11. 68. A.-Z.: 21342/66.

SUP 232228 (Urheberschein). Verfahren zur Herstellung fluorhaltiger Cellulosederivate. Erf.: *B. N. Gorbunov, S. S. Radčenko* u. *A. P. Chardin*. Anm.: Volgogradskij politechničeskij institut. A. 14. 7. 67, B. 11. 12. 68. Kl.: 12o, 6. A.-Z.: 1173433/23-4.

Klasse 12o. 14. Aromatische Carbonsäuren und Harzsäuren (teilweise)

DAS 1275047. Verfahren zur Herstellung von reiner Terephthalsäure. Erf.: *Yasuhiro Fujita*. Anm.: Mitsui Petrochemical Industria, Ltd., Tokio. A. 26. 4. 63, B. 14. 8. 68. Kl.: 12o, 14 (12g, 11/82). A.-Z.: P 1275047.9-42 (M 56628). Prior.: 27. 4. 62 (Ja; A.-Z.: 16626). Entspr. FrP 1355274.

DAS 1277838. Verfahren zur kontinuierlichen Herstellung von Tetrachlorphthalsäuredinitril. Erf.: *Horst Scheuermann, Matthias Seefelder* u. *Heinz Eilingsfeld*. Anm.: Badische Anilin- & Soda-Fabrik AG, 6700 Ludwigshafen. A. 10. 9. 66, B. 19. 9. 68. Kl.: 12o, 14.

SUP 230125 (Urheberschein). Verfahren zur Herstellung von Phthalsäureanhydrid. Erf.: *Theodor Fischer, Rudolf List, Karl-Heinz Eisenlohr* u. *Werner Schreiber* (*Teodor Fišer, Rudol'f List, Karl-Chajnc Ajzenlor* u. *Verner Šrajber*). A. 17. 3. 67, B. 30. 10. 68. Kl.: 12o, 14. A.-Z.: 1140973/23 – 4.

Klasse 12o, 21. Carbonsäuren mit ungesättigter Atomkette, z. B. Zimtsäure (teilweise)

USP 3414605. Synthese von Acrylnitril unter Anwendung eines Silicid-Katalysators. Erf.: *Darrell W. Walker*. Inh.: Phillips Petroleum Co. A. 10. 11. 65, B. 3. 12. 68. Kl.: 260 – 465,3. 5 Anspr. A.-Z.: 507249.

Klasse 12p, 5. Stickstoffringe der heterocyclischen Reihe mit einem Stickstoffatom. Sonstige Ringe mit einem Stickstoffatom ...; Lactame ... (teilweise)

JaP 29148/68. Herstellung von ε-Caprolactam. Inh.: Kanegafuchi Spinning Co. Ltd. A. 30. 11. 65, B. 13. 12. 68. Kl.: 16E. A.-Z.: 73814/65.

Klasse 29a. Mechanische Gewinnung von Gespinstfasern

GBP 1143983. Zusammengesetzte Fäden und ihre Herstellung. Inh.: Toyo Boseki K. K. A. 18. 5. 67, B. 26. 2. 69. Kl.: B 5. B. Int. Kl.: D 01f 7/04. A.-Z.: 23158/67.

SUP 232441 (Urheberschein). Labyrinthdichtung der Antriebswelle der Galetten von Spinnmaschinen für Chemiefaserstoffe. Erf.: *Ju. S. Morozov*. A. 21. 12. 65, B. 11. 12. 68. Kl.: 29a, 6/01 (47f, 26). A.-Z.: 1044626/28-12.

JaP 29771/68. Erspinnen eines Zweikomponenten-Mehrkernfadens. Inh.: Kanegafuchi Spinning Co. Ltd. A. 25. 2. 67, B. 10. 12. 68. Kl.: 42 A. A.-Z.: 11962/67.

USP 3413185. Fadenpackung in Form eines stabartigen Wickels. Erf.: *Thomas Wade Davis* u. *Robert John Gilardi*. Inh.: E. I. du Pont de Nemours & Co., Wilmington, Del. A. 30. 9. 64, B. 26. 11. 68. Kl.: 161-169. 7 Anspr. A.-Z.: 400353.

USP 3414648. Verstrecken und Kräuseln von Kabeln aus Polyesterfäden mit asymmetrischer Doppelbrechung. Erf.: *Don H. Higginbotham*. Inh.: E. I. du Pont de Nemours & Co., Wilmington, Del. A. 24. 8. 64, B. 3. 12. 68. Kl.: 264 – 237. 5 Anspr. A.-Z.: 391530.

DAS 1282839. Vorrichtung zur Herstellung von gekräuselten, thermoplastischen Fäden. Erf.: *Hans Alwin Schrenk, Pieter van Dijk* u. *James Watt Isbrand Heynis*. Anm.: N. V. Onderzoekingsinstituut Research, Arnheim (Nd). A. 26. 4. 57, B. 14. 11. 68. Kl.: 29a, 6/20. A.-Z.: P 1282839.6 – 26 (N 13586). Prior.: 14. 5. 56 u. 18. 3. 57 (Nd; A.-Z.: 207111 u. 215470).

USP 3415918 Zus. z. Pat. m. A.-Z.: 374434. A. 11. 6. 64. Herstellung von neuartigen Noppenseiden. Erf. u. Inh.: *James R. Holten*, English Cove Apartments, C-19, 201 Pensacola Beach Road, Gulf Breeze, Fla. 32561; *Wesley A. Parker*, 2210 S. Rayburn Court, Pasadena, Tex. 77502 u. *James G. Sims*, 501 N. 17th Ave., P. O. Box 2304, Pensacola, Fla. 32501. A. 8. 4. 65, B. 10. 12. 68. Kl.: 264-167. 8 Anspr. A.-Z.: 446558. A.-Z.: 374434 entspr. SzP 448366 u. FrP 1420022. A.-Z.: 446558 entspr. FrP 89890.

GBP 1144238. Kühlschacht zum Kühlen von aus der Schmelze ersponnenen Fäden mittels Luftstrom. Inh.: Vsesojuzny Nauchno-Issledovatelsky Institut Mashin dlya Proizvodstva Syntheticheskikh Volokon. A. 6. 12. 66, B. 5. 3. 69. Kl.: B 5. B, Int. Kl.: D 01 d 5/10. A.-Z.: 54550/66.

JaP 28773/68. Vorrichtung zum Schmelzspinnen. Inh.: Fuji Spinning Co. Ltd. A. 8. 7. 65, B. 10. 12. 68. Kl.: 42 A. A.-Z.: 40595/65. Entspr. FrP 1486022 u. GBP 1111649.

Klasse 29b. Chemische Gewinnung bzw. Herstellung von Spinnfasern und Fäden sowie ihre Präparation für die textile Weiterverarbeitung

DAS 1285663. Herstellung von Regeneratcellulosefäden und -fasern durch Verspinnen von Viskose in Gegenwart eines Modifizierungsmittels. Erf.: *Heiner Schmiedeknecht, Werner Gerhardt* u. *Gottfried Haudel*. Anm.: Deutsche Akademie der Wissenschaften zu Berlin, Berlin-Adlershof. A. 24. 1. 64, B. 19. 12. 68. Kl.: 29b, 3/20. A.-Z.: P 1285663.2-43 (D 43436).

GBP 1137857. Herstellung von Viskoseseide. Inh.: Rayonier Inc. A. 16. 2. 66, B. 27. 12. 68. Kl.: B 5. B, Int. Kl.: D 01f 3/22. A.-Z.: 6832/66. Prior.: 20. 7. 65 (US; A.-Z.: 473321). Entspr. SzP 463011 u. FrP 1468388.

USP 3413079. Erweichen von gegerbten Kollagensträngen mit Alkansäure- und Oxyalkansäuresalz. Erf.: *Ernest J., Rich, jr.* Inh.: Ethicon Inc. A. 30. 9. 65, B. 26. 11. 68. Kl.: 8-130,1. 7 Anspr. A.-Z.: 491887.

DAS 1283432. Verfahren zur Herstellung von Fäden oder Filmen durch Verformen von hochmolekularen linearen Polycarbonaten. Erf.: *Béla von Falkai, Artur Prietzschk, Wolfgang Rellensmann, Alfred Reichle* u. *Horst Wieden*, Anm.: Farbenfabriken Bayer AG, 5090 Leverkusen. A. 11. 4. 63, B. 21. 11. 68. Kl.: 29b, 3/60 (39b 5, 29/00). A.-Z.: P 1283432.1-43 (F 39471). Entspr. FrP 1387732, GBP 1057732 u. USP 3287316.

USP 3414645. Verfahren zum Erspinnen völlig aromatischer Polyamidfäden. Erf.: *Herbert S., Morgan, jr.* Inh.: Monsanto Co., St. Louis, Mo. A. 19. 6. 64, B. 3. 12. 68. Kl.: 264 – 210. 217 Anspr. A.-Z.: 376363. Entspr. FrP 1482822 u. GBP 1106190.

JaP 28788/68. Verhinderung des Verklebens von Fäden. Inh.: Kanegafuchi Boseki Ltd. A. 11. 5. 66. B. 10. 12. 68. Kl.: 42D. A.-Z.: 30148/66. Entspr. FrP 1525443.

USP 3414646. „Gekoppeltes" Verfahren zur Herstellung von Polycarbonsäureamidfäden. Erf.: *Gilbert Pitzl*. Inh.: E. I. du Pont de Nemours & Co., Wilmington, Del. A. 29. 4. 65, B. 3. 12. 68. Kl.: 264 – 210. 5 Anspr. A.-Z.: 451822. Entspr. FrP 1483041 u. GBP 1093871.

DAS 1282227. Verfahren zur Herstellung von Fäden aus Vinylidencyanid-Mischpolymeren. Erf.: *Helmut Kramer* u. *Werner Hirche*. Anm.: Farbwerke Hoechst AG vorm. Meister Lucius & Brüning, 6000 Frankfurt. A. 21. 8. 63, B. 7. 11. 68. Kl.: 29b, 3/65, A.-Z.: P 1282227.4 – 43 (F 40547). Entspr. FrP 1411915 u. GBP 1067720.

DAS 1285668. Verfahren zur Herstellung von Polyvinylalkoholfäden. Erf.: *Osamu Morimoti, Tadao Ashikaga, Kenichi Tanabe, Akio Mitamura, Takeshi Akabane* u. *Migen Kawai*, Anm.: Kurashiki Rayon Co. Ltd., Kurashiki (Ja). A. 22. 12. 61, B. 19. 12. 68. Kl.: 29b, 3/65. A.-Z.: P 1285668.7-43 (K 45517). Prior.: 23. 12. 60 (Ja; A.-Z.: 49744, JaP 25508/67, Entspr. GBP 1002855 u. USP 3240738.

OeP 271713 Textilfasern auf der Basis von Polyvinylchlorid und Verfahren zu ihrer Herstellung. Inh.: „Chatillon" S. A. Italiana per la fibre Tessili Artificiali S. p. A., Mailand. A. 5. 4. 63, B. 15. 9. 68. Kl.: 29b, 15/01. A.-Z.: 279.6/63. Prior.: 6. 4. 62, 27. 9. 62 u. 14. 11. 62 (It).

JaP 28791/68. Zusammengesetzter Kräuselfaden aus Polypropylen. Inh.: Mitsubishi Rayon Ltd. A. 4. 2. 64, B. 10. 12. 68. Kl.: 42D. A.-Z.: 5515/64. Entspr. FrP 1420793 u. GBP 1085808.

USP 3415782 Zus. z. Pat m. A.-Z.: 355943. A. 30. 3. 64. Bildung von Polypyromellithimidfäden. Erf.: *Robert Samuel Irwin* u. *Charles Edgar Smullen*. Inh.: E. I. du Pont de Nemours & Co., Wilmington, Del. A. 21. 11. 67, B. 10. 12. 68. Kl.: 260 – 47. 13 Anspr. A.-Z.: 691089. Entspr. FrP 1432038 u. GBP 1038738.

Klasse 32a, 37/00. Herstellung von Fasern oder Fäden aus flüssigem Glas, flüssigen Mineralien oder flüssiger Schlacke

USP 3413133. Opalisierende Glasfaserstoffe. Erf.: *Charles J. Stalego*. Inh.: Owens-Corning Fiberglas Corp. A. 10. 4. 63, B. 26. 11. 68. Kl.: 106 – 50. 3 Anspr. A.-Z.: 272062.

DAS 1284582. Verfahren und Vorrichtung zum Aufwickeln von Glasfasern in Form eines Stranges von Glasfäden. Erf.: *John Kermit Cochran*. Anm.: Pittsburgh Plate Glass Co., Pittsburgh, Pa. (US). A. 3. 2. 61, B. 5. 12. 68. Kl.: 32a, 37/02. A.-Z.: P 1284582.8-45 (P 26515). Prior.: 5.2. 60 (US; A.-Z.: 6923). Entspr. SzP 414960.

ČSP 130845. Verfahren zur Herstellung von Stapelfasern aus anorganischen thermoplastischen Materialien und Vorrichtung zu seiner Durchführung. Erf.: *Karel Sýkora, Oldřich Chrastný* u. *Pavel Lyer*. A. 9. 6. 67, B. 15. 7. 68. Kl.: 32a, 37/02, Int. Kl.: C 03b. A.-Z.: 4237/67.

DAS 1284063. Verfahren und Vorrichtung zum Herstellen mineralischer Wolle. Erf. u. Anm.: *Hain Schächter*, Givatayim (Israel). A. 21. 11. 63, B. 28. 11. 68. Kl.: 32a, 37/06. A.-Z.: P 1284063.0 – 45 (Sch 34200). Prior.: 25. 11. 62 (Israel; A.-Z.: 18280). Entspr. USP 3336125.

SUP 233188 (Urheberschein). Vorrichtung für die Orientierung von Glasfäden. Erf.: *M. N. Slotincev, Ju. S. Anufriev* u. *E. S. Zelenskij*. Anm.: Vsesojuznij naučnoissledovatel'skij institut stekloplastikov i steklovolokna. A. 10. 11. 66, B. 18. 12. 68. Kl.: 32a, 37/10. A.-Z.: 1111701/28 – 12.

GBP 1138065. Pfropfen von Polymeren auf Glas und ähnliche Silikatmaterialien. Inh.: Imperial Chemical Industries Ltd. A. 16. 9. 65, B. 27. 12. 68. Kl.: C 3. P, Int. Kl.: C 08f 1/56, A.-Z.: 39583/65.

Klasse 39b. Verarbeitung von plastischen Massen, Kautschuk und hornartigen Stoffen, soweit nicht anderweitig vorgesehen (chemischer Teil), auch von Brems- und Schleifmassen sowie thermischen und akustischen Isoliermassen (teilweise)

GBP 1143574. Pigmentierte Polyamidkompositionen. Inh.: Imperial Chemical Industries Ltd. A. 22. 2. 65, B. 26. 1. 69. Kl.: C 3. R, Int. Kl.: C 08g 41/04. A.-Z.: 7603/65. Entspr. DAS 1256886, FrP 1466879 u. USP 3404119.

USP 3414537. Stabilisierung von Polyamiden. Erf.: *Gerardus P. Dikötter, Arnoldus A. W. Schaapveld* u. *Pierre J. Franssen*. Inh.: Stamicarbon N. V., Heerlen (Nd). A. 2. 2. 66, B. 3. 12. 68. Kl.: 260-45,75. 2 Anspr. A.-Z.: 524465. Prior.: 4. 2. 65 (Nd; A.-Z.: 6501394). Entspr. SzP 461798, FrP 1466965 u. GBP 1109928.

FrP 1556316. Verfahren zur Herstellung von Polytetrafluoräthylenpulvern. Erf.: *G. Groppelli, D. Carcano, F. Gozzo* u. *M. Ragazzini*. Inh.: Montecatini Edison S. p. A. A. 15. 12. 67, B. 7. 2. 69. Int. Kl.: C 08f. A.-Z.: 132379. Prior.: 15. 12. 66 (It; A.-Z.: 31144166).

FrP 1557603. Stabilisierung von Olefinpolymeren. Erf.: *A. C. Hecker, O. S. Kauder* u. *N. L. Perry*. Inh.: S. A. Argus Chemical N. V. A. 20. 11. 63, B. 21. 2. 69. Int. Kl.: C 08f. A.-Z.: 954361. Prior.: 23. 11. 62 u. 9. 8. 63 (Be; A.-Z.: 239827 u. 301204).

FrP 1557810. Verfahren zur Herstellung von Mischungen auf Vinylharzbasis und so erhaltene Produkte. Inh.: Solvay & Cie. A. 19. 12. 67, B. 21. 2. 69. Int. Kl.: C 08f. A.-Z.: 132986. Prior.: 3. 1. 67 (Nd; A.-Z.: 6700053).

GBP 1141783. Reinigung von Olefinpolymeren. Inh.: Montecatini Edison S. p. A. A. 17. 1. 68, B. 29. 1. 69. Kl.: C 3. P. Int. Kl.: C 08f 1/88. A.-Z.: 2464/68. Prior.: 18. 1. 67 (It; A.-Z.: 11612). Entspr. FrP 1551506.

GBP 1143876. Hitzebeständige chlorhaltige Polymerkompositionen. Inh. Imperial Chemical Industries Ltd. A. 28. 2. 67, B. 26. 2. 69. Kl.: C 3. P, Int. Kl.: C 08f 29/14 u. 45/54. A.-Z.: 9498/67.

JaP 28615/68. Färbbare Polyolefinkomposition. Inh.: Toyo Rayon Co. A. 10. 3. 61, B. 9. 12. 68. A.-Z.: 8447/61. Entspr. GBP 975918.

USP 3413258. Verbesserung der Beständigkeit von Olefinpolymeren gegen Abbau durch Hitze. Erf.: *Harry Braus* u. *Jay R. Woltermann*. Inh.: National Distillers and Chemical Corp., New York, N. Y. A. 20. 10. 66, B. 26. 11. 68. Kl.: 260–41. 13 Anspr. A.-Z.: 587959. Entspr. FrP 1541514.

SUP 233902 (Urheberschein). Zus. z. Pat. 168876. Verfahren zum Herstellen härtbarer Polymerer. Erf.: *A. I. Tarasov, E. S. Krivoručkina* u. *S. S. Spasskij*. Anm.: Institut chimii Ural'skogo filiala AN SSSR. A. 16. 8. 65, B. 24. 12. 68. Kl.: 39b, 22/10 (39c, 16). A.-Z.: 1023267/23–5.

Klasse 39c. Herstellen von Kunstharzen

USP 3414498. Vernetzen von polymeren Substanzen mit Acetylen und ionisierender Strahlung. Erf.: *Yasuo Shinohara, Kenji Yamaguti* u. *Teruo Nagai*. Inh.: Toyo Rayon Kabushiki Kaisha, Tohio (Ja). A. 30. 3. 64, B. 3. 12. 68. Kl.: 204-159, 13. 9 Anspr. A.-Z.: 355942. Prior.: 9. 4. 63 u. 7. 8. 63 (Ja; A.-Z.: 38/18765 u. 38/40636). Entspr. FrP 1392150 u. GBP 1054137.

OeP 271891. Verfahren zur Herstellung von Polyhydantoinen. Erf.: *Karl Schmidt* u. *Dietrich Wille*. Inh.: Dr. Beck & Co. AG, Hamburg. A. 24. 4. 67, B. 15. 9. 68. Kl.: 39b, 21. A.-Z.: 3874/67.

DDP 65847. Verfahren zur Herstellung von reaktionsfähigen Poly-(N-chlorsulfonyl)-äthylenurethanen. Erf. u. Inh.: *Hans-Heinrich Hörhold* u. *Rolf Märtin*. A. 27. 11. 67, B. 5. 3. 69. Kl.: 39c, 6. A.-Z.: WP 39c/128559.

USP 3415790. Entfernung nicht umgesetzter Diisocyanate aus Makrodiisocyanaten und Polymerisation zu Segment-Polyurethancopolymeren. Erf.: *Burns Davis* u. *Roger M. Schulken jr.* Inh.: Eastman Kodak Co., Rochester, N. Y. A. 29. 6. 64, B. 10. 12. 68. Kl.: 260-77,5. 16 Anspr, A.-Z.: 378711. Entspr. FrP 1449773 u. GBP 1118736.

OeP 271889. Verfahren zur Herstellung hochmolekularer Polymerisationsprodukte. Inh.: Stamicarbon N. V., Heerlen (Nd). A. 31. 10. 66, B. 15. 9. 68. Kl.: 39b, 21. A.-Z.: 10099/66. Prior.: 3. 11. 65 (Nd).

OeP 271893. Verfahren zur Polymerisation von Lactamen. Inh.: Stamicarbon N. V., Heerlen (Nd). A. 20. 7. 67, B. 15. 9. 68. Kl.: 39b, 21. A.-Z.: 6763/67. Prior.: 4. 8. 66 (Nd).

GBP 1137581. Faserbildende Polyamide. Inh.: Imperial Chemical Industries Ltd. A. 22. 2. 66, B. 27. 12. 68. Kl.: C 3. R, Int. Kl.: C 08g 19/00. A.-Z.: 7717/66. Entspr. FrP 1522298.

GBP 1142297 Zus. z. Pat. 1115512. Polyamide. Inh.: Imperial Chemical Industries Ltd. A. 3. 3. 66, B. 5. 2. 69. Kl.: C3. R, Int. Kl.: C 08g 19/00. A.-Z.: 9338/66. Entspr. FrP 91969.

USP 3413267 Zus. z. Pat. m. A.-Z.: 325441. A. 21. 11. 63. Copolyimid/Isoimid-Polymere. Erf.: *John A. Kreuz*. Inh.: E. I. du Pont de Nemours & Co., Wilmington, Del. A. 17. 5. 66. B. 26. 11. 68. Kl.: 260-47. 1 Anspr. A.-Z.: 550647. A.-Z.: 325441 vgl. auch USP 3271366. Entspr. SzP 463787 u. FrP 1417452,

USP 3413378 Zus. z. Pat. m. A.-Z.: 578414. A. 9. 9. 66; u. Pat. m. A.-Z.: 863047. A. 30. 12. 59. Pfropfcopolymere von Nitrilgruppen auf Polyamidsubstraten. Erf.: *Eugene Edward Magat* u. *David Tanner*. Inh.: E. I. du Pont de Nemours and Co., Wilmington, Del. A. 14. 11. 66, B. 26. 11. 68. Kl.: 260-857. 6 Anspr. A.-Z.: 593659. A.-Z.: 578414 vgl. auch USP 3412175 u. USP 3412176.

SUP 230416 (Urheberschein). Verfahren zur Herstellung von fluorhaltigen Polyhydraziden und Polyoxadiazolen. Erf.: *B. R. Livšic, T. Ch. Dymšic, I. L. Knunjanc* u. *S. V. Vinogradova*. A. 2. 12. 67, B. 30. 10. 68. Kl.: 39c, 13. A.-Z.: 1200377/23–5.

OeP 271895. Verfahren zur Herstellung von linearen Polyestern. Inh.: The Goodyear Tire & Rubber Co., Akron (US.). A. 19. 2. 64, B. 15. 9. 68. Kl.: 39b, 22. A.-Z.: 1407/64.

ČSP 130853. Verfahren und Einrichtung zur Trennung von Dampfgemischen, die aus einer Reihe von hintereinandergeschalteten kontinuierlich arbeitenden Umesterungsreaktoren entweichen. Erf.: *Otakar Süsser, Jiří Blažek* u. *František Komárek*. A. 12. 7. 67, B. 15. 7. 68. Kl.: 12g, 1/01 (39c, 16). Int. Kl.: B 01j u. C 08g. A.-Z.: 5089/67.

JaP 79/69. Polymerisation von Trioxan. Inh.: Mitsubishi Rayon Co. Ltd. A 21. 3. 64, B. 6. 1. 69. A.-Z.: 15367/64.

USP 3413269. Verfahren zur Herstellung von hochmolekularen Polyoxymethylen. Erf.: *Shinichi Ishida* u. *Hiromichi Fukuda*. Inh.: Asahi Kasei Kogyo Kabushiki Kaisha, Osaka (Ja). A. 23. 12. 64, B. 26. 11. 68. Kl.: 260-67. 12 Anspr. A.-Z.: 420772. Prior.: 28. 12. 63 (Ja; A.-Z.: 38/70495). Entspr. FrP 1424021 u. GBP 1067358.

JaP 29597/68. Formaldehydcopolymeres. Inh.: Sumitomo Chem. Co. Ltd. A. 30. 5. 63, B. 18. 12. 68. A.-Z.: 28379/63. Entspr. FrP 1399569 u. USP 3326857.

OeP 271874. Verfahren zur Herstellung von Olefinpolymeren mit kontrollierter Korngröße. Erf.: *Giorgio Leicht* u. *Giancarlo Bizzarri*. Inh.: Montecatini Edison S. p. A., Mailand. A. 2. 1. 67, B. 15. 9. 68. Kl.: 39b, 12. A.-Z.: 24/67. Prior.: 4. 1. 66 (It).

OeP 271878. Verfahren zur Herstellung von Vinylchlorid-Polymerisaten. Erf.: *Carlo Nicora* u. *Giancarlo Borsini*. Inh.: Società Edison, Mailand. A. 21. 2. 66. B. 15. 9. 68. Kl.: 39b, 14. A.-Z.: 1577/66. Prior.: 22. 2. 65 (It).

GBP 1142723. Polymerisation von Vinylfluorid. Inh.: Montecatini Soc. Gen. per l'Industria Mineraria e Chimica. A. 4. 5. 66, B. 12. 2. 69. Kl.: C3. P. Int. Kl.: C 08f 3/22. A.-Z.: 19724/66. Prior.: 10. 5. 65 (It: A.-Z.: 10491). Entspr. FrP 1478785.

JaP 26510/68. Verfahren zur Herstellung von gefärbten Polymeren. Inh.: Bakelite Co. Ltd. A. 14. 8. 65, B. 14. 11. 68. A.-Z.: 49181/65.

JaP 28469/68. Lösungspolymerisation. Inh.: Toyo Rayon Co. Ltd. A. 5. 8. 64, B. 6. 12. 68. A.-Z.: 43987/64.

JaP 29589/68. Katalysator. Inh.: Mitsui Petrochem. Ind. Co. Ltd. A. 14. 11. 63, B. 18. 12. 68. A.-Z.: 60895/63. Entspr. FrP 1413763, u. GBP 1078854.

SUP 231803 (Urheberschein). Verfahren zur Herstellung von Polymeren aus vinylaronatischen Verbindungen. Erf. u. Anm.: *G. D. Ballova, K. A. Sivograkova, E. I. Egorova* u. *G. L. Benborodko*. A. 11. 3. 67, B. 28. 11. 68. Kl.: 39c, 25/01. A.-Z.: 1138365/23-5.

ČSP 130751. Verfahren zur Herstellung einer Polyvinylchloridsuspension. Erf.: *Milán Adámek, Stanislav Bobula, František Gregor, Ladislav Novák, Ján Kerat, Jozef Kotleba* u. *František Strouhal*. A. 15. 12. 66, B. 15. 7. 68. Kl.: 39c, 25/01. Int. Kl.: C 08f. A.-Z.: 8010/66.

USP 3413277. Polymerisation. Erf.: *John C. Crano* u. *Elizabeth K. Fleming*. Inh.: PPG Industries Inc. A. 23. 8. 63, B. 26. 11. 68. Kl.: 260–93,5. 19 Anspr. A.-Z.: 304246. Entspr. SzP 445127, FrP 1407335 u. GBP 1017895.

USP 3415795. Anionische Polymerisation von bestimmten Vinylmonomeren mit einem Methylsulfinylcarbanion-Katalysator in einem Dimethylsulfoxid-Lösungsmittel. Erf.: *Gunther E. Molau* u. *Jerry E. Mason*. Inh.: The Dow Chemical Co., Midland, Mich. A. 27. 12. 65, B. 10. 12. 68. Kl.: 260-79,3. 8 Anspr.

USP 3415797. Verfahren zur Polymerisation von Vinylmonomeren. Erf.: *Giancarlo Borsini, Francesco Visani* u. *Guidobaldo Cevidalli*. Inh.: Montecatini Edison S. p. A., Mailand (It). A. 1. 12. 65, B. 10. 12. 68. Kl.: 260-92, 8 12 Anspr. A.-Z.: 528321. Prior.: 3. 12. 64 (It; A.-Z.: 25998/64). Entspr. DDP 54108, FrP 1456140 u. GBP 1128172.

SUP 231816. Verfahren zur Herstellung von Copolymeren auf Tetrahydrofuranbasis. Erf.: *V. A. Ponomarenko* u. *S. N. Sacharova*. Anm.: Institut organičeskoj chimii im. N. D. Zelinskogo. A. 9. 3. 67, B. 28. 11. 68. Kl.: 39c, 30. A.-Z.: 1139886/23-5.

Klasse 42k, 50. Textilprüfung. Verfahren, Vorrichtungen und Maschinen zum Prüfen von Fasern, Fäden, Garnen, Geweben auf ihre mechanischen und Festigkeitseigenschaften, auf Spannungen, mechanische Unregelmäßigkeiten, Drall (Drehung), Porosität

SUP 230494 (Urheberschein). Gerät zur Bestimmung der Verschmutzung von gewaschener Wolle. Erf.: *L. A. Luvišis, Ju. V. Loginov, S. M. Kirjuchin, G. S. Šarov, A. S. Ciganov* u. *M. I. Disman*. Anm.: Central'nyk naučno-issledovatel'skij institut šerstjanoj promyšlennosti. A. 24. 7. 67. B. 30. 10. 68. Kl.: 42k, 50 (76b, 2/01). A.-Z.: 1176640/28-12.

SUP 231191 (Urheberschein). Gerät zur Bestimmung der Pillingneigung von Geweben. Erf.: *K. V. Jaroslav, L. O. Michalovskaja, I. L. Smirnov* u. *V. A. Ljachovskij*. Anm.: Vsesojuznyj naučno-issledovatel'skij i eksperimental'nyj i institut po pererabotke chimičeskich volokon. A. 2. 11. 64, B. 15. 11. 68. Jl.: 42k, 50. A.-Z.: 927620/28-12.

Klasse 47k. Allgemein anwendbare Verfahren und Vorrichtungen zum Bewegen, Führen und Speichern, z. B. Wickeln von faden-, draht-, seil-, kabel-, schlauch-, band- oder bahnförmigem Gut (teilweise)

DAS 1276973. Vorrichtung zum Spannen eines in Längsrichtung bewegten Fadens oder Stranges. Erf.: *George Andrew Halliday*. Anm.: George Andrew Halliday, Toronto, Ontario (Ca). A. 12. 5. 64, B. 5. 9. 68. Kl.: 47k, 3/04. A.-Z.: P 1276973.2-53 (H 52660). Prior.: 15. 5. 63 (Ca. A.-Z.: 875577).

DAS 1270916. Verfahren zum Spulenwechsel bei Wickelmaschinen. Erf.: *Elias Jülke*. Anm.: Willy Aumann KG, Espelkamp-Mittwald, Beuthener Str. 18. A. 27. 6. 64. B. 20. 6. 68. Kl.: 47k, 5/10. A.-Z.: P 1270916.9-63-

DAS 1276974. Abzug- und Speichervorrichtung für durchlaufendes strangförmiges Gut. Erf.: *Hans Frisch*. Anm.: Frisch Kabel- und Verseilmaschinenbau GmbH, 4030 Ratingen, Kaiserswether Str. 79. A. 12. 6. 65, B. 5. 9. 68. Kl.: 47k, 1/12. A.-Z.: P 1276974.3-53 (F 46318).

USP 3414955. Verfahren und Vorrichtung zum Abstreifen von Spulen. Erf.: *Maurice H. Courtney* u. *George F. Besney*. Inh.: Celanese Corp., New York, N. Y. A. 27. 6. 66, B. 10. 12. 68. Kl.: 29-19. 3 Anspr. A.-Z.: 560606.

Klasse 55b. Verfahren zur Herstellung von Zellstoff, Zellstoffkocher, Wiedergewinnung der Ablauge und Abgase

OeP 272066. Verfahren zur Regenerierung von Kochlaugen der Halbzellstofferzeugung nach dem Natriumsulfitverfahren. Erf.: *Otto Wurz*. Inh.: Vereinigte Österreichische Eisen- und Stahlwerke AG, Linz. A. 10. 8. 67, B. 15. 9. 68. Kl.: 55c, 5/10. A.-Z.: 7389/67.

FrP 1557142. Verfahren zum Zellstoffaufschluß mit Sulfit. Erf.: *A. M. Heald* u. *J. D. Robertson*. Inh.: Sonoco Products Co. A. 2. 1. 68, B. 14. 2. 69. Int. Kl.: D 21c. A.-Z.: 89439.

DAS 1282434. Verfahren zum Sulfataufschluß von Zellulosematerial. Erf.: *Sven Axel Rydholm*. Anm.: Fa. Aktiebolaget Kamyr, Karlstad (Sv.) A. 14. 5. 64. B. 7. 11. 68. Kl.: 55b, 2/01. A.-Z.: P 1282434.9-41 (A 46061).

USP 3414468. Verfahren zur Regenerierung von Zellstoffaufschlußlauge aus der Celluloseaufschluß-Abfallauge. Erf.: *George G. Copeland*. Inh.: Copeland Process Corp., Oak Brook, Ill., u. Container Corp. of America, Chicago, Ill. A. 13. 8. 65, B. 3. 12. 68. Kl.: 162-30. Anspr. A.-Z.: 479460.

USP 3414469. Behandlung von schnell getrocknetem Zellstoff zur Verringerung des Knötchengehalts. Erf.: *James R. Brown, Joseph Marton* u. *James R. Rowley*. Inh.: West Virginia Pulp and Paper Co., New York, N. Y. A. 19. 8. 65, B. 3. 12. 68. Kl.: 162-84. 5 Anspr. A.-Z.: 481097.

Klasse 55c. Bleichen. Leimen, Färben, Füllen, Beschweren von Papierstoff und Zellstoff, Holländer, Stoffmühlen, Zellstoffaufschließer (teilweise)

DAS 1283083. Verfahren zur Herstellung von aufgehelltem Papier. Erf.: *Hans-Engelbert Göttgens* u. *Hermann Tretter*. Anm.: Farbenfabriken Bayer AG, 5090 Leverkusen. A. 8. 12. 61, B. 14. 11. 68. Kl.: 55c, 1. A.-Z.: P 1283083.0-45 (F 35500).

DAS 1284824. Verfahren zum Entleeren von Chlorierungstürmen für fließfähige Faserstoffaufschlämmungen. Erf.: *Rudolf Fischer*. Anm.: Krauss-Maffei-Imperial GmbH, München-Obermenzing. A. 23. 4. 64. B. 5. 12. 68. Kl.: 55c, 1. A.-Z.: P 1284824.7-45 (K 52767).

Literaturschau

Auszug aus Lieferung 13 und 14/1969 der Referatekartei „Faserstoffe und Textiltechnik", zusammengestellt von der Abteilung Wissenschaftliches Berichtswesen des Instituts für Faserstoff-Forschung der DAW, 153 Teltow-Seehof, Kantstr. 55

I. Wissenschaftliche Grundlagen

Physik und Chemie der Hochpolymeren

Samsonova, T. I., Bolotnikova, L. S., Frenkel, S. Ja.: Abschätzung der Molekülabmessungen von Cellulose und ihren Derivaten in Lösung auf viskosimetrischem Wege. Vysokomol. Soed. (Hochmol. Verbind.) **11 B** (1969) 4, S. 256–261.

Prati, G.: Lösungsverhalten und Viskosimetrie in Cuën von hochmolekularen Baumwollen. Ricerca Doc. tessile, Milano (Textilforsch. u. -dok.) **5** (1968) 4, S. 167–174.

Elmgren, K., Norrby, S.: Der Einfluß der Wasserstoffionenkonzentration und Ionenstärke auf die Viskositätszahl von Hydroxyäthylcellulose bei hohen Geschwindigkeitsgradienten. Makromol. Chemie **123** (1969) S. 265–273 (engl.).

Hearst, J. E., Beals, E., Harris, R. A.: Dynamik der Polymeren. IV. Die Viskositätszahl von Polymermolekülen bei Frequenz Null unter Berücksichtigung von hydrodynamischer Wechselwirkung und ausgeschlossenem Volumen. J. chem. Physics **48** (1968) 12, S. 5371–5377.

Zidan, M.: Zur Rheologie des Spinnprozesses. Rheologica Acta, Darmstadt **8** (1969) 1, S. 89–123.

Baijal, M. D.: Physikochemische Charakterisierung von Polyvinylchlorid. II. Verteilung der relativen Molekülmasse. J. macromol. Sci., A: Chemistry **2** (1968) 5, S. 1055–1063.

Fejgin, J., Bojarski, J., Sadowska, W., Tomaszewicz, M.: Einfluß der Modifizierung von Trioxan/Dioxolan-Copolymeren mit Polyäthylenoxid auf die Abhängigkeit des Fließindex von der rel. Molekülmasse und der red. Viskosität. Polimery, Warszawa **14** (1969) 3, S. 110–114.

Berger, R.: Molekulargewichtsverteilungsfunktionen und ihre mathematische Behandlung. I. Allgemeine Formulierungen und Zusammenhänge. Plaste u. Kautschuk **16** (1969) 5, S. 326–331.

Jacopian, Vazgen, Casperson, Gerhard, Philipp, Burkart: Elektronenmikroskopische Untersuchungen an verschiedenartig aufgeschlossenem Pappelholz. Cellulose Chem. Technology, Jassy/Rum. **2** (1968) 6, S. 631–653.

Seves, A., Vecchio, G.: Einfluß einiger Faktoren auf die Gelbildung der Methylcelluloselösungen: Bewertung des Gelbildungszustandes mittels Messungen der Transmission des einfallenden Lichtes. Ricerca Doc. tessile, Milano (Textilforsch. u. -dok.) **5** (1968) 3, S. 133–139.

Wales, J. L. S.: Gerät zur Messung der Strömungsdoppelbrechung von Polymerschmelzen bei hohen Schubspannungen. Rheologica Acta, Darmstadt **8** (1969) 1, S. 38–44 (engl.).

Zugenmaier, P., Cantow, H.-J.: Ein einfaches Verfahren zur Indizierung von Röntgenweitwinkel-Reflexen von Substanzen mit orthorhombischer Elementarzelle. Messungen an Polyäthylen und Äthylen-Propylen-Copolymeren. Kolloid-Z./Z. Polymere **230** (1969) 1, S. 229–236.

Ebringerová, A., Kramár, A., Domansky, R.: Zur Struktur des 4-0-Methylglukuronoxylans aus dem Holz der Hegebuche (Carpinus betulus L.). Holzforsch. **23** (1969) 3, S. 89–92.

Eskin, U. E., Baranovskaja, I. A.: Einige Eigenschaften der Lösungen von Pfropfcopolymeren des Styrols mit Methylmethacrylat und Struktur der Moleküle. Vysokomol. Soed. (Hochmol. Verbind.) **11 A** (1969) 4, S. 764 bis 771.

Nečesany, V., Cetlová, J.: Über den Einfluß von äußeren Wuchsbedingungen auf die Struktur des Pappelholzes (Populus monilifera). Holzforsch. **23** (1969) 3, S. 73–82.

Kondo, Y., Uedaira, H.: Konformationsveränderung von Polyvinylalkohol in Harnstofflösung. Kogyo Gijutsuin Sen'i Kogyo Shikensho Kenkyo Hokoku, Yokohama (Bull. Textile Res. Inst. jap. Government) **84** (1968) 7, S. 15–18 (jap., engl. Zusammenfass.).

Knight, J. A., Hicks, H. Lamar, Stephens, Kenneth W.: Eine Kristallinitätsuntersuchung an Cellulosefasern mit Hilfe der Deuterierung und Infrarotspektroskopie. Textile Res. J. **39** (1969) 4, S. 324–328.

Baudisch, J., Döhler, W., Philipp, B.: Strukturuntersuchungen mit chemischen Accessibilitätsmethoden an verschiedenartig hergestellten Zellwollproben. Cellulose Chem. Technology, Jassy/Rum. **2** (1968) 6, S. 615 bis 629 (dt.)

Zverev, M. P., Polovichina, L. A.: Einfluß der Verstreckungstemperatur auf die Struktur und Eigenschaften von Polyäthylenterephthalat (Lavsan)-Faserstoff. Chim. Volokna (Chem. Fasern) (1969) 3, S. 43–45.

Nikonovic, G. V., Burchanova, N. D., Usmanov, Ch. U.: Zur Struktur von superfester Polynosecordseide. Chim. Volokna (Chem. Fasern) (1969) 3, S. 34–37.

Bohdanecky, M., Petrus, V., Hratochvil, P.: Einfluß von Lösungsmittel und Temperatur auf die Molekülabstände von Polyvinylchlorid in Lösungen. Coll. czechoslov. chem. Commun. **34** (1969) 4, S. 1168–1178.

Johnson, U., Lehmann, J.: Die Kinetik der Kristallisation des Poly-3,3-bis-(chloromethyl)-oxacyclobutans (Penton) aus verdünnter m-Xylol-Lösung. Teil II. Endbereich der Kristallisation. Kolloid.-Z./Z. Polymere **230** (1969) 2, S. 325–336.

Hässler, H., Bauer, H.-J.: Akustische Relaxationsprozesse in Polystyrollösungen. Kolloid-Z./Z. Polymere **230** (1969) 1, S. 194–206.

Janssen, R., De Deyne, V., Vetters, A.: Die Bestimmung des in Polyäthylenterephthalat enthaltenen Diäthylenglykols durch Dünnschichtchromatographie. III. Makromol. Chemie **123** (1969) S. 119–122 (engl.)

Ulbricht, J.: Neue Entwicklungen auf dem Gebiete des Polyvinylchlorids. Mitt.-Bl. chem. Ges. DDR **16** (1969) 5, S. 97–99.

Faerman, V. T.: Wärmebildung in Polymeren unter Einwirkung von Ultraschall-Schwingungen. Vysokomol. Soed. (Hochmol. Verbind.) **11 A** (1969) 5, S. 1145–1149.

Reich, L.: Bestimmung der kinetischen Parameter aus einem DTA-Thermogramm. Makromol. Chemie **123** (1969) S. 42–45 (engl.)

Lipatov, Ju. S., Sereda, O. V., Sergeeva, L. M., Kerča, Ju. Ju., Apuchtina, N. P., Možžuchina, L. V.: Thermodynamische Untersuchung der hochelastischen Verformung von Polyurethanen. Vysokomol. Soed. (Hochmol. Verbind.) **11 A** (1969) 4, S. 682–690.

Godovskij, Ju. K., Slonimskij, G. L., Alekseev, V. F.: Automatische mikrokalorimetrische Vorrichtung für die Untersuchung der Wärmevorgänge bei dem mechanischen Abbau von Polymeren. Vysokomol. Soed. (Hochmol. Verbind.) **11 A** (1969) 5, S .1181–1188.

Hurduc, N., Schneider, I. A., Simionescu, C.: Untersuchungen auf dem Gebiete des thermischen Abbaus von Cellulosen. I. Die Kinetik des thermogravimetrischen Abbaues von Cellulosen. Cellulose Chem. Technology, Jassy/Rum. **2** (1968) 6, S. 569–578 (dt.)

Foltz, Carl F., McKinney, Paul V.: Modifizierte Differentialkalorimetertechnik unter Verwendung des abgeschreckten Polymeren als Bezugsmaterial. Analytic. Chem. **41** (1969) 4, S. 687–688.

Fajnštejn, E. B., Igonin, L. A.: Einfluß des Druckes auf die elektrischen Relaxationsvorgänge im Polyäthylenterephthalat. Vysokomol. Soed. (Hochmol. Verbind.) **11 A** (1969) 5, S. 1150–1156.

Kojkov, S. N., Fomin, V. A.: Polyäthylenfilm bei senkrecht und parallel zur Oberfläche gerichteter Gasentladung. Vysokomol. Soed. (Hochmol. Verbind.) **11 B** (1969) 3, S. 224–225.

Kurzweil, K., Kratochvil, P.: Anfangsstadium des Abbaues von Polyvinylchlorid. Coll. czechoslov. chem. Commun. **34** (1969) 5, S. 1429–1436.

Rau, J. H., Krieger, R.: Versuche zur C-Alkylierung der Cellulose mit dem Butylrest. Melliand Textilber. **50** (1969) 5, S. 541–546.

Schoon, Th. F. G., Kiyek, H.: Untersuchungen zur Aufklärung der Weichmacherwirkung und der Wechselwirkung zwischen Polymeren und Weichmachern. II. Mitteilung. Kautschuk, Gummi, Kunststoffe **22** (1969) 4, S. 158–162.

Radbil', T. I., Razinskaja, I. N., Štarkman, B. P., Lichterova, I. M.: Telakril – eine neue Modifikation von Polymethylmethacrylat. Plast. Massy, Moskva (Plast. Massen) (1969) 3, S. 11–13.

Physik und Chemie der Monomeren und Oligomeren

Puffr, R.: Wechselwirkung zwischen Amiden und Wasser. I. Destillation, Sorption und Lösungsgleichgewicht im System 6-Caprolactam/Wasser. Coll. czechoslov. chem. Commun. **34** (1969) 5, S. 1421–1428.

Ioseliani, E. G., Vajnštejn, G. M., Dučinsky, V. R., Merman, S. M.: Reinigung von Caprolactam mit Ionenaustauschharzen und durch Hydrierung. Chim. Prom. (Chem. Ind.) (1969) 4, S. 7(247)–11(251).

Smoljan, Z. S., Matveeva, G. N., Guljakov, V. M.: Bestimmung der flüchtigen Basen im Caprolactam. Zavodsk. Labor., Moskva (Betriebslabor) **35** (1969) 4, S. 433–434.

Granžan, V. A.: Dipolmomente einiger aliphatischer ungesättigter Verbindungen. Z. vsesojuz. chim. Obšč. Mendeleeva (Z. chem. Allunions-Mendelejew-Ges.) **14** (1969) 2, S. 223.

Sotobayashi, H.: Untersuchungen über den Endgruppeneinfluß bei Oligomeren. I. Mitt.: Die Abhängigkeit des Enthalpiekoeffizienten vom Polymerisationsgrad. Makromol. Chemie **123** (1969) S. 157–183.

Polymerisation

Zikmund, L.: Zur Kinetik der inhibierten Polymerisation. Modellierung des Reaktionsmechanismus mittels Digitalrechner. Coll. czechoslov. chem. Commun. **34** (1969) 5, S. 1543–1559.

Mjagčenkov, V. A., Frenkel', S. Ja.: Über die Wahl eines kinetischen Copolymerisationsmodells auf Grund der Analyse der kompositionellen Uneinheitlichkeit. Dokl. Akad. Nauk SSSR (Ber. Akad. Wiss. UdSSR) **186** (1969) 3, S. 631–633.

Otsu, T., Shimizu, A., Itakura, K., Imoto, M.: Monomer/Isomerisations-Copolymerisationen von β-Olefinen durch einen koordinierten anionischen Mechanismus. Makromol. Chemie **123** (1969) S. 289–292 (engl.)

Karapetjan, Z. A., Kočervinskij, V. V., Režčupkin, V. P., Smirnov, B. R., Korolev, G. V.: Über die Beziehung zwischen der Molekularbeweglichkeit und der Kinetik einer Radikalpolymerisation. Vysokomol. Soed. (Hochmol. Verbind.) **11 B** (1969) 4, S. 252.

Nikonov, V. Z., Sokolov, L. B., Babur, G. V., Sarikov, Ju. V., Emelin, E. A.: Berechnung der relativen Aktivität der Monomeren bei irreversiblen Copolykondensation komplizierter Systeme. Vysokomol. Soed. (Hochmol. Verbind.) **11 A** (1969) 4, S. 739–749.

Krylova, R. G., Aripchanov, V., Golova, O. P.: Darstellung von 3-Keto-2,6-di-O-tosylcellulose und 3-Amino-3-desoxy-2,6-di-O-tosylcellulose. Vysokomol. Soed. (Hochmol. Verbind.) **11 B** (1969) 3, S. 163–176.

Penenžik, M. A., Virnik, A. D., Rogovin, Z. A.: Synthese von Pfropfcopolymeren der Cellulose mit dem Calciumsalz der Polyacrylsäure. Vysokomol. Soed. (Hochmol. Verbind.) **11 B** (1969) 4, S. 245.

Čefelin, P., Málek, J.: Zur Kinetik der Polykondensation von bis(2-Hydroxyäthyl)terephthalat. Coll. czechoslov. chem. Commun. **34** (1969) 2, S. 419 bis 426.

Karpov, O. N., Fedosjuk, L. G., Koran'ko, Ju. A.: Synthese von Polyester aus Dicarbonsäuren und Diäthylen- bzw. Äthylenglykol unter Anwendung des Kationenaustauschers KU-2 als Katalysator. Ž. prikl. Chimii (Z. angew. Chemie) **42** (1969) 4, S. 952–955.

Kolesnikov, G. S., Fedotova, O. Ja., Fedyna, V. N.: Synthese und Untersuchung einiger Polyamidosäuren und ihre Cyclodehydrierung. Vysokomol. Soed. (Hochmol. Verbind.) **11 A** (1969) 4, S. 691–699.

Ivanov, V. V., Sabirova, R. D., Enikolopjan, N. S.: Untersuchung des Mechanismus einer kationischen Polymerisation am Beispiel der Modellreaktion von Methylal und Äthylal. Dokl. Akad. Nauk SSSR (Ber. Akad. Wiss. UdSSR) **186** (1969) 3, S. 625–627.

Bukowski, A., Porejko, St.: Pfropfcopolymere aus Kohlensuboxid und Polyäthylen. Polimery, Warszawa **14** (1969) 3, S. 114–116.

Reichert, K. H., Schubert, E.: Kinetik der Äthylenpolymerisation mit löslichen Ziegler-Natta-Katalysatoren. Makromol. Chemie **123** (1969) S. 58 bis 72.

Kekube, T., Iwatsuki, Sh., Yamashita, Y.: Untersuchungen über Ladungsübertragungskomplexe und Polymerisation. Teil XIX. Spontane Copolymerisation von 1,2-Dimethoxyäthylen und p-Dioxen mit Maleinsäureanhydrid. Makromol. Chemie **123** (1969) S. 256–264 (engl.)

Schnabel, W., Borgwardt, U.: Über die Vernetzung von Polyäthylenoxid in Lösung unter der Einwirkung von ^{60}Co-γ-Strahlen. Makromol. Chemie **123** (1969) S. 73–79.

Eliseeva, V. I., Malefeevskaja, V. F., Gerasimova, A. S., Makarov, Ju. A., Izmajlova, I. R.: Über die Bildungskinetik der Teilchen bei der Latex-Polymerisation von Acrylmonomeren. Vysokomol. Soed. (Hochmol. Verbind.) **11 A** (1969) 5, S. 1005–1011.

Žulin, V. M., Gonikberg, M. G., Goff, A. L., Zagorbinina, V. N.: Einfluß des Druckes auf die Übertragungskonstante bei der Radikalpolymerisation von Methylmethacrylat, Vinylchlorid und Vinylacetat in Gegenwart von Butyraldehyd als Kettenüberträger. Vysokomol. Soed. (Hochmol. Verbind.) **11** A (1969) 4, S. 777–781.
Guyot, A., Guillot, J.: Acrylnitrilcopolymerisation. I. Einfluß der vorletzten Einheiten. J. macromol. Sci., A: Chemistry **2** (1968) 5, S. 889–903.
Guillot, J., Guyot, A., Tho, Pham Quang: Acrylnitril-Copolymerisation. II. Sequenzverteilung in Methylmethacrylat-Copolymerisaten. J. macromol. Sci., A: Chemistry **2** (1968) 7, S. 1303–1320.
Kato, M., Kamogawa, H.: O-Hydroxystyrolpolymere durch kationische Polymerisation und einige Verätherungsreaktionen der Polymeren. Kogyo Gijutsuin Sen'i Koygo Shikensho Kenkyo Hokoku, Yokohama (Bull. Textile Res. Inst. jap. Government) **84** (1968) 7, S. 1–6 (jap., engl. Zusammenfass.)

Sonderfragen

Lennox-Kerr, P.: Die Arbeit der Farbenfabriken Bayer AG mit den „schaumlosen" Schäumen. Hosiery Times **42** (1969) 478, S. 111, 112, 114.
Petersen, H. A.: Beziehungen zwischen chemischer Konstitution und Eigenschaften von 4-Hydroxy- und 4-Alkoxypropylenharnstoffen, deren N-Methylol- und N-Alkoxymethylverbindungen. 7. Mitteilung. Textilveredlung, Weinfelden/Schweiz **4** (1969) 4, S. 254–271.
Bechler, D., Ilg, H., Fiebig, D.: Über die Thermochromie von Azofarbstoffen – Untersuchungen an Modell-Azoverbindungen. Textil-Praxis **24** (1969) 5, S. 314–320.

II. Faserstoffe. Ausgangsstoffe. usw.

Hartler, N., LéMon, S.: Gestörte Zonen in Cellulosefasern. Teil II. Ihre Bildung während der Kompression des Holzes. Norsk Skogind. **23** (1969) 5, S. 151–158.

Naturfaserstoffe

Tierische Faserstoffe

Asquith, R. S., Otterburn, M. S.: Basische Aminosäuren in erhitztem Keratin. J. Textile Inst. **60** (1969) 5, S. 208–210.
Fröhlich, H. G.: Chemisch-physikalische Kennwerte von Tierhaaren. 2. Mitteilung: Große Tierkörperhaare. Z. ges. Textilind. **71** (1969) 5, S. 318–320.

Chemiefaserstoffe

Papkov, S. P., Prozorova, G. E.: Änderung der viskoelastischen Fadeneigenschaften während des Erspinnens. Chim. Volokna (Chem. Fasern) (1969) 3, S. 24–26.
Interessantes über Chemiefaserstoffe. Inform. prehled. Výzkumný Úst. Pletarský, Brno (Inform.-Übers. Wirkerei-Inst.) (1968) 6, S. 3–4.

Cellulose und Zellstoff

Kuczková, R.: Übersicht über den alkalischen Aufschluß in den Jahren 1966–1967. Papír a Celulóza, Praha **24** (1969) 3, S. 78–79.
Clayton, D. W., Sakai, A.: Mehrstufiger Polysulfidaufschluß. II. Einfluß von Variablen auf die Oxydation der Polysaccharide durch Polysulfide. Tappi, New York **52** (1969) 3, S. 473–479.
Ward, K., jr., Morak, A. J., Voelker, M. H.: Hydroxyäthylierung von Linterzellstoffen. III. Mischen von modifizierten und unbehandelten Linters. Tappi, New York **52** (1969) 3, S. 479–482.
Bjerketveit, K., Koch, Ch. P.: Bleichen von Sulfatzellstoff mit Wasserstoffsuperoxid. I. Norsk Skogind. **23** (1969) 4, S. 104–112.
Gustafsson, L., Teder, A.: Der thermische Zerfall von wäßrigen Polysulfidlösungen. Svensk Papperstidn. **72** (1969) 8, S. 249–260 (engl.)
Assarsson, A., Lindgren, B.: Analyse der Extraktstoffe. Svensk Papperstidn. **72** (1969) 8, S. 266–274.

Regeneratfaserstoffe

Jayme, G., El-Kodsi, G.: Zur fraktionierenden Fällung von Cellulose. Naturwiss. **56** (1969) 3, S. 138.
Šankin, P. A.: Hydraulische Berechnung der Viskoseleitungen von Spinnmaschinen. Chim. Volokna (Chem. Fasern) (1969) 3, S. 27–29.
Opric, O. V., Žuravlev, L. V., Volodin, I. M.: Intensivierung der Viskosereife durch Optimierung der Steuerung des Prozesses. Chim. Volokna (Chem. Fasern) (1969) 3, S. 22–24.
Jakanina, E. V., Lapkina, Z. S.: Bestimmung des Farbstoffgehaltes in spinngefärbtem Viskosefaserstoff. Chim. Volokna (Chem. Fasern) (1969) 3, S. 61–63.
Hladík, V., Pirkl, A.: Beitrag zur Frage der Bewertung der Eigenschaften von Viskose-Stapelfasern. Textil, Praha **24** (1969) 1, S. 12–15.
Kalontarov, I. Ja., Nachkamov, K., In, O. A., Fokin, E. P.: Spinnfärben von Celluloseacetat mit Aldehyddispersionsfarbstoffen. Chim. Volokna (Chem. Fasern) (1969) 3, S. 39–41.

Synthetische Faserstoffe

Hamana, I., Matsui, M.: Der Verlauf der Fadenbildung beim Schmelzspinnen. Melliand Textilber. **50** (1969) 5, S. 499–503.
Die Forschung in der UdSSR: Die Herstellung von Polyamidfaserstoffen in der Sowjetunion. Ind. textile, Paris (1969) 977, S. 161–169.
Moorwessel, D., Pilz, G.: Ein neues Polypropylen für den Grobtextilsektor. Teil 1: Allgemeines, Einfluß der Verarbeitungsparameter. Kunststoffe **59** (1969) 4, S. 205–210.
Albrecht, W., Knappe, P. E.: Über die Einsatzmöglichkeiten von Diolen-Hochschrumpffasern. Chemiefasern **19** (1969) 6, S. 440–449.
Schuur, G.: Fäden und Fasern aus fibrilliertem Film: ein Rückblick. Textile Month (1969) 2, S. 45–46.

Ausgangsstoffe. Schaumstoffe. Kautschuk

Jamaleev, K. M., Bronštejn, I. S.: Alterung von Polyamidfolien in Benzin. Plast. Massy, Moskva (Plast. Massen) (1969) 3, S. 58–59.

III. Fäden-Herstellungstechnologien

Spinnerei. Zwirnerei

Spinnereivorbereitung

Muchin, E. Ja.: Über die Rationalisierung der Wollaufbereitungsbetriebe. Tekstil. Prom., Moskva (Textil-Ind.) **29** (1969) 3, S. 26–27.
Oxtoby, E.: Faktoren, die die Bildung von Flugabfall beeinflussen. Textile Manuf. **95** (1969) 1131, S. 94–97.
Clegg, J. K.: Hochleistungskardieren: heutiger Stand. Textile Month (1969) 2, S. 47, 48, 51.

Spinnerei

Sazonov, A. L., Truevcev, N. I.: Kontrolle in der Baumwollspinnerei mit Kontrollkarten. Tekstil. Prom., Moskva (Textil-Ind.) **29** (1969) 4, S. 55 bis 56.
Jackowski, T.: Das Verspinnen von Polyamidfasern nach dem Baumwollspinnverfahren. Przegl. włókienn. (Textil-Rdsch.) **23** (1969) 3, S. 137 bis 141.
Fa. Kendall rühmt störungsfreien Anlauf der Spinnerei. Textile World **119** (1969) 2, S. 64–67.
Gusev, V. E.: Rationelle Methoden der Verarbeitung von Reißspinnstoff in der Wollindustrie. Tekstil. Prom., Moskva (Textil-Ind.) **29** (1969) 3 S. 23–26.
Delmenico, J., Freeland, G. N.: Ein Verfahren zum Stabilisieren von Wollteppichgarnen gegenüber Beanspruchung in der Stückfärberei. J. Soc. Dyers Colourists **85** (1969) 3, S. 97–101.

Erzeugnisse der Spinnerei und Zwirnerei

Klabačka, O.: Über die Ungleichmäßigkeit der Baumwollgarne. Textil, Praha **24** (1969) 1, S. 8–9.
Chadžinova, M. A., Redruchina, T. B.: Untersuchung der Eigenschaften von Baumwollfasern im Prozeß des Herstellens von Nähfäden. Tekstil. Prom., Moskva (Textil-Ind.) **29** (1969) 4, S. 56–57.

Texturfäden

Texturseiden 1969. Textile Month (1969) 2, S. 65, 67, 70–72.
Genzer, M. S., Marisova, O. I., Šerman, P. P., Filatov, V. N.: Erfahrungen beim Einsatz von Spandex. Tekstil. Prom., Moskva (Textil-Ind.) **29** (1969) 3, S. 47–50.
Fa. Qualitex strebt nach 30 Mill. lb-Grenze. Hosiery Trade J. **76** (1968) 903, S. 89–92.
Jungmann, M.: Hochtourige Maschine TK 500 für kontinuierliches Texturieren von synthetischen Seiden. Textil, Praha **24** (1969) 3, S. 78–80.

Kern/Mantel-Fäden

Jung, G.: Experimentelle und theoretische Untersuchungen des Verfahrens zur Herstellung von Kernwindefäden. Dt. Textiltechnik **19** (1969) 6, S. 351–353.
Ljaduchina, V. G., Poddubnaja, S. I.: Elastische Kern/Mantel-Fäden für Gewirke. Tekstil. Prom., Moskva (Textil-Ind.) **29** (1969) 3, S. 51.

IV. Flächengebilde-Herstellungstechnologien

Technische Fasern – ein attraktives Neuland. Kunststoff-Berater **14** (1969) 6, S. 461, 464–465.
Mähliß, R.: Herstellung und spezifische Eigenschaften rundgestrickter webähnlicher Oberbekleidungsstoffe. Wirk.- u. Strick.-Technik **19** (1969) 5, S. 237–239, 243–246, 259, 260.

Materialvorbereitung

Flüeler, R.: Feine Kräuselgarne – wirtschaftlich gespult. Chemiefasern **19** (1969) 5, S. 360–363.
Bromage, M. A., de Monte, N. T. H., Whiteley, B.: Hochleistungsspulen für ein kontinuierliches Verfahren. Textile Inst. Ind. **7** (1969) 5, S, 125 bis 129.
Griese, H.: Untersuchungen zur rationellen Verarbeitung von Leinenschußgarnen. Teil II. Textil-Praxis **24** (1969) 5, S. 296–301.

Weberei

Różycki, A.: Die Modernisierung in der Baumwollweberei und geforderte Garncharakteristik. Technik włókienn. (Textiltechnik) **17** (1968) 12, S. 353–357.
Mel'nikov, S. G.: Einfluß der Kettfadenzugkraft auf die Kettfadenbruchhäufigkeit. Tekstil. Prom., Moskva (Textil-Ind.) **29** (1969) 3, S. 44–45.
Foster, R.: Die Regelung der Kettspannung. Band- u. Flechtind. (1969) 2, S. 56–58.
Whitehead, D. A.: Beurteilung der Auswechslung von Webmaschinen: Warum ein Südafrikaner auf 10 Jahre oder weniger bedacht ist. Textile World **119** (1969) 2, S. 70–71.

Weberei-Technologie

Lazarek, J., Klopotowski, W.: Technische und wirtschaftliche Probleme der neuen Webverfahren. Technik włókienn. (Textiltechn.) **17** (1968) 12, S. 357–362.

Erzeugnisse der Weberei

Untersuchung von reinbaumwollenen DP. Textile Ind. **132** (1968) 12, S. 143, 145.
Faasen, N. J.: Stabilisierung der Gewebe aus Polyester und Baumwollmischungen. Ind. textile, Paris (1969) 976, S. 99–104.
Qualitätspapiergewebe sind hier. Textile World **119** (1969) 2, S. 60–61.

Wirkerei und Strickerei. Konfektionstechnik. Sonstige Technologien

Wirkerei- und Strickerei-Technologie

Nagl, F., Rothbart, J.: Neuentwicklungen und Möglichkeiten auf dem Raschelgebiet. Chemiefasern **19** (1969) 5, S. 352–358; 6, S. 453–457.
May, M. C.: Neuer Raschelbetrieb, der von alten Profis geleitet wird. Textile Ind. **133** (1969) 1, S. 83, 86, 88.
Darlington, K. D.: Prinzipien des Entwurfs von kettengewirktem Kleiderstoff. Teil 8. Hosiery Trade J. **76** (1969) 903, S. 164–167.
Aisaka, N., Kawakami, T.: Untersuchung des Musterbildungsverfahrens bei der Patentrundstrickmaschine. 3. Über einen Algorithmus zur partiellen Ausschaltung der Musterbildung. Kogyo Gijutsuin Sen'i Kogyo Shikensho Kenkyo Hokoku, Yokohama (Bull. Textile Res. Inst. jap. Government) **84** (1968) 7, S. 43–48 (jap.; engl. Zusammenfass.)
Aisaka, N., Kawakami, T., Shindo, T.: Eine Analyse der zum Schleifenbildungsprozeß an der Strickmaschine erforderlichen Kraft. 1. Die Strickkraft und ihr Meßverfahren. 2. Der Einfluß der Garneinzugsspannung und der Form des Strickschlosses auf die Schleifenbildung. Kogyo Gijutsuin Sen'i Kgyo Shinkensho Kenkyo Hokoku, Yokohama (Bull. Textile Res. Inst. jap. Government) **94** (1968) 7, S. 49–54; 55–61 (jap.; engl. Zusammenfass.).
Lomax, M. A.: Totale Automation – Tatsache oder Mythus? Hosiery Trade J. **76** (1969) 903, S. 160–164. Hosiery Times **42** (1969) 478, S. 55, 56, 58, 60, 63, 64.

Filipiak, I., Laskowska, A.: Die Entspannung von Gestricken in Meterware und in zugeschnittenen Teilen. Przegl. włókienn. (Textil-Rdsch.) **23** (1969) 3, S. 151–155.

Konfektion

Walter, F. J.: Einsatz von CO_2-Lasern in der Textilindustrie. CO_2-Laser zum Zuschneiden von Stoffbahnen. Chemiefasern **19** (1969) 6, S. 457 bis 462.

Der Velcro-Klettenverschluß. Band- u. Flechtind. (1969) 2, S. 58–60.

Textilverbundstoffe

Ehrlich, E.: Die Entwicklung der Nähwirktechnik. Melliand Textilber. **50** (1969) 5, S. 537–540.

Albrecht, W.: Sind die neuen Textilien eine Konkurrenz für konventionelle Artikel? Z. ges. Textilind. **71** (1969) 6, S. 377–382.

Faserverbundstoffe. Vliesstoffe

Schoffmann, E. A.: Naßvliesstoffe. Ind. textile, Paris (1969) 977, S. 187 bis 191.

Levin, M. I.: Rationeller Rohstoffverbrauch in der Filzindustrie. Tekstil. Prom., Moskva (Textil-Ind.) **29** (1969) 3, S. 60–61.

V. Textilveredlung

Howry, K. A.: 1968 – Jahr der Modernisierung im Färben, Drucken und Ausrüsten. Mod. Textiles Mag. **50** (1969) 2, S. 20–22, 34.

Stöckigt, H.: Fadenveredlung von Polyamid-Texturseiden in verschiedenen Aufmachungsformen. Dt. Textiltechnik **19** (1969) 6, S. 371–375.

Farbstoffe, Textilhilfsmittel

Witaszczyk, J.: Echte Reaktivfarbstoffe für Wolle. Technik włókienn. (Textiltechn,) **17** (1968) 12, S. 373–376.

Langmann, W.: Zur Systematik und Prüfung von Netzmitteln. Chemiefasern **19** (1969) 5, S. 363–368.

Kaesler, K. P.: Hydrophobieren im FCKW-Lösungsmittel R-11. Chemischreiniger u. Färber/Färber Ztg. **22** (1969) 5, S. 212–213.

Wälchli, O.: Wirkungsdauer des Schutzmittels Mitin gegen Motten und Käfer. Galaxia, Buenos Aires (1969) 24, S. 19–24.

Chwala, A.: Wissenswertes über Kationtenside. Chemischreiniger u. Färber/Färber-Ztg. **22** (1969) 5, S. 218–219.

Bleicherei. Sonstige Vorbehandlungsarbeiten der Textilveredlung

Jakubowicz, H.: Energetische Untersuchungen von Strangbleichapparaten, die in Fließstraßen arbeiten. Technik włókienn. (Textiltechnik) **17** (1968) 12, S. 367–370.

Voigtländer, G., Lamm, R.: Ermittlung der optimalen Anzahl von Breitwaschmaschinenabteilen aus den Kennzahlen des Waschsystems. Dt. Textiltechnik **19** (1969) 6, S. 368–371.

Färberei

Senner, P.: Die Behandlung von Vorgespinsten. Textil-Praxis **24** (1969) 5, S. 329–336.

Senner, P.: Färberische Möglichkeiten im Bereich zwischen Thermosolierung und Lösungsmittelfärbetechnik. Chemiefasern **19** (1969) 5, S. 368 bis 375.

Die Produktivität in der Färberei: Die „Spiraldo"-Vorrichtung, wirtschaftliches Mittel zum Stückfärben. Ind. textile, Paris (1969) 978, S. 273–275.

Cockett, K. R. F., Rattee, I. D., Stevens, C. B.: Beobachtungen beim Abziehen von Chlortriazinyl-Reaktivfarbstoffen von Wolle. J. Soc. Dyers Colourists **85** (1969) 3, S. 113–114.

Druckerei

Alsberg, F. R., Connor, H. G., Liquorice, W. F., Milne, S. W.: Wirkung und Rückgewinnung der Reaktivfarbstoffe im Textildruck seit 1956. Z. ges. Textilind. **71** (1969) 5, S. 320–325.

Drucken und Druckfarbentechniken. Internat. Dyer, Textile Printer, Bleacher, Finisher **141** (1969) 6, S. 391, 392, 394, 395, 396.

Kühnel, W.: Zeugdruck von Gemischen auf der Basis verschiedener Faserstoffe. Galaxia, Buenos Airos (1969) 24, S. 27–32.

Küppers, W.: Das Bedrucken gewebter Bänder. Band- u. Flechtind. (1969) 2, S. 76, 78, 79 (dt. u. engl.)

Ausrüstung. Trocknung

Pajgrt, O., Plíšek, L.: Änderung der physikalisch-mechanischen Parameter von Geweben, Strukturänderungen der Wolle und der PES-Spinnfaser beim Dekatieren. Textil, Praha **24** (1969) 3, S. 98–100.

Erweiterung des Marktes für Textilien, die im Freien Verwendung finden. Textile World **119** (1969) 2, S. 96–97.

Cooper, A. S., Walker, A. M., Hoffman, M. J., Reeves, W. A.: Bevorzugte Vernetzung für reinbaumwollene, dauerhaft gebügelte Kleidungsstücke. Amer. Dyestuff Rep. **57** (1968) 26, S. 11–15.

Modernes Trocknen von Stoffen. Internat. Dyer, Textile Printer, Bleacher, Finisher **141** (1969) 8, S. 522–523.

Wäscherei. Chemische Reinigung

Stache, H.: Hydrotrope Substanzen für die Herstellung flüssiger Waschmittel. Fette, Seifen, Anstrichmittel/Ernährungsind. **71** (1969) 5, S. 381 bis 386.

Howes, W. H. W.: Mangeln – Entwicklungen und Trends. Wäschereitechn. u. -chemie **22** (1969) 5, S. 232–234.

Wilke, G.: Maschinen für die Textilreinigung auf der Leipziger Frühjahrsmesse. Textilreinigung, Leipzig **16** (1969) 6, S. 176–184.

VI. Werkstoffprüfung. Meß- und Prüftechnik. Standardisierung

Eigenschaften und Fehler der Textilmaterialien u. a.

Hengstman, L., van Dort, J. M.: Praktische Gewebegeometrie. Schluß. Tex, Doetinchem/Nd. **28** (1969) 4, S. 178–183.

Geitel, K.: Die Bogenzahl, eine notwendige Größe zur Beschreibung der Kräuselung? Faserforsch. u. Textiltechnik **20** (1969) 6, S. 259–266.

Konda, A., Fujino, S., Agatsuma, T.: Über den Fließmechanismus von Polyäthylenterephthalatfaserstoffen. Teil II. Quantitative Beziehung zwischen dem Orientierungsfaktor und der Proportionalitäts- und Fließgrenze. Kogyo Gitjutsuin Sen'i Kogyo Shikenshe Kenkyo Hokoku, Yokohama (Bull. Textile Res. Inst.) **84** (1968) 7, S. 19–28 (jap.; engl. Zusammenfass.).

Gandhi, R. S.: Fixierungs-/Superkontraktionscharakteristiken und Längsquellung von Keratinfasern. Textile Res. J. **39** (1969) 4, S. 352–357.

Pechočová, M.: Erholung von Polypropylenstapelfasern nach dem Zusammenpressen. Chem. Vlákna, Svit (Chem. Fasern) **19** (1969) 2, S. 18–30.

Mieck, K., Pilz, J.: Ein einfaches Verfahren zur Beurteilung der Haftkraft von Reifencord an Gummi. Faserforsch. u. Textiltechnik **20** (1969) 6, S. 300–301.

Kagiage, By Seinosuke, Yamaga, Kohji, Sasai, Tetsuyuki: Mechanische Eigenschaften von synthetischen Fasern bei niedriger Temperatur. J. Textile Mach. Soc. Japan **14** (1968) 6, S. 191–195.

Mieck, K., Pilz, J.: Der Einfluß der Heißnachreckung auf die Gebrauchseigenschaften von Polyamidcord. Faserforsch. u. Textiltechnik **20** (1969) 6, S. 293–299.

Rejn, M. D.: Einige Eigenschaften von Strümpfen aus Polypropylenseiden. Tekstil. Prom., Moskva (Textil-Ind.) **29** (1969) 3, S. 51–53.

Bykova, I. N., Nikonova, E. A., Karpova, G. D., Borovina, E. I.: Einfluß der UV-Bestrahlung auf den Weißgrad der in der Masse optisch gebleichten Synthesefaserstoffe. Tekstil. Prom., Moskva (Textil-Ind.) **29** (1969) 3, S. 65–67.

Mieck, K.-P.: Dickstellen in gereckter Polyamidseide und ihre Entstehungsursachen. Teil 3: Modellversuche zum Einfluß der relativen Luftfeuchte auf die T-Masern-Intensität. Faserforsch. u. Textiltechnik **20** (1969) 6, S. 285–293.

Gibbs, W. E.: Einige neuere Ergebnisse über die Synthese von bestimmten heterocyclischen aromatischen Polymeren. J. macromol. Sci., A: Chemistry **2** (1968) 7, S. 1291–1302.

Šapoval, G. S., Lipatova, T. E., Ivanceva, I. P.: Bestimmung der Durchlässigkeit von Polymerfolien. Zavodsk. Labor., Moskva (Betriebslabor) **35** (1969) 2, S. 201–202.

Meß- und Prüftechnik

König, W.: Glanz und seine Messung. Plaste u. Kautschuk **16** (1969) 5, S. 366–379.

Hobart, St. R., Mack, Ch. H.: Reaktion von Arylisocyanaten mit Baumwollcellulose. Teil V. Reaktion von Diphenyl-N,N'-Arylendicarbonaten. Textile Res. J. **39** (1969) 4, S. 317–323.

Meckel, L.: Beitrag zur Prüfung der Entflammbarkeit von textilen Bodenbelägen. Z. ges. Textilind. **71** (1969) 6, S. 404–407.

Jas', D. S., Medvedev, S. G., Ljubarskij, A. V., Musienko, V. I.: Reibungsprüfgerät. Zavodsk. Labor., Moskva (Betriebslabor) **35** (1969) 2, S. 224 bis 225.

Mehta, H. U., Parmar, R. S., Patel, R. S., Patel, J. K.: Verbessertes Verfahren für die Bewertung von Adhäsiven für Celluloseoberflächen. Tappi, New York **52** (1969) 4, S. 664–665.

Wroński, W.: Untersuchungen auf dem Gebiet des Auswaschens von Eiweißstoffen aus Chemiefaserstoffen. Polimery, Warszawa **14** (1969) 3, S. 120–122.

Honold, E., Grant, J. N.: Prüfung des Baumwollcharakters. Textile Ind. **133** (1969) 1, S. 93, 95, 97, 99, 100, 102, 116.

Standardisierung. Terminologie

Umfangreiche Tabelle erleichtert Umrechnung von 11 internationalen Garnnumerierungssystemen. Textile World **119** (1969) 2, S. 72–73.

Reduzierung von Nummernschwankungen. Spinner, Weber, Textilveredlung **87** (1969) 5, S. 418–421.

Shirota, T., Yoshikawa, K.: Zur Standardisierung der Kohlebogen-Lichtechtheitsprüflampe. Kogyo Gitjutsuin Sen'i Kogyo Sikensho Kenkyo Hokoku, Yokohama (Bull. Textile Res. Inst. jap. Government) **84** (1968) 7, S. 35–42 (jap.; engl. Zusammenfass.)

VII. Betriebstechnik. Ökonomie, Tagungsberichte und dgl.. Sonderfragen

Kaupp, F. O.: Auf dem Weg zum Jahr 2000: Was liegt vor der Chemie-Industrie? Amer. Dyestuff Rep. **57** (1968) 26, S. 16–19.

Betriebstechnik

Schweizer, W. F.: Systematischer Aufbau eines Einstellprogrammes für Webmaschinen. Tex, Doetinchem/Nd. **28** (1969) 4, S. 174–177.

Kogan, L. A., Levenzen, M. Š., Gol'dman, I. M., Levental', N. M.: Modernisierung des Thermoplast-Automaten vom Typ TP-125 für die Bearbeitung von Polyamid 68. Plast. Massy, Moskva (Plast. Massen) (1969) 3, S. 39–40.

Novati, E. C.: Die Elektronik in der Weberei. Teil II. Panorama tessile, Milano **6** (1969) 36, S. 14–18.

Ökonomie

Hohmann, E.: Stillstandszeiten, ihre Auswirkung auf die Maschinenstundensätze. ZwF. Z. wirtsch. Fertigung **64** (1969) 5, S. 230–231.

MacLeod, N.: Die Einflußnahme auf das Leben von morgen. ICI Mag. **47** (1969) 350, S. 100–102.

Ficker, H.: Ökonomische Vorteile der Erzeugnisveredlung. Bekleid. u. Maschenware **8** (1969) 2, S. 55–57.

Felsch, H.: Ein Modell zur Erzeugnisgruppenoptimierung in mittel- und kurzfristigen Entscheidungszeiträumen. Wirtschaftswiss. **17** (1969) 6, S. 857 bis 870.

Holliger, H.: Management als Entscheidungsprozeß. Ind. Organis., Zürich **38** (1969) 5, S. 185–191.

Helbich, F.: Arbeitserleichterungen für den Arbeitsvorbereiter. Spinner, Weber, Textilveredlung **87** (1969) 5, S. 422–423.

Travnicek, Z.: Textile Futurologie. I. II. Chemiefasern **19** (1969) 4, S. 239 bis 240; 5, S. 348–352.

Sonderfragen

Zingel, H.-J.: Die Arbeit der VDI-Fachdokumentation Textiltechnik. Z. ges. Textilind. **71** (1969) 6, S. 401–404.

Wtscheraschni, R. P.: Informationsmodell für zielgerechte wissenschaftliche Information und Dokumentation. Neuerer, Ausg. B (1969) 5, S. 99–104.

Zybell, J.: Vergleichende Untersuchung von zwei Dokumentationssystemen des USA-Patentamtes. Neuerer, Ausg. B (1969) 5, S. 117–118.

Jonkisch, F., Matschoß, H.-D.: Einige Grundfragen der Schutzrechtspolitik im Rahmen der auftragsgebundenen Forschung. Neuerer, Ausg. B (1969) 5, S. 113–115.

Blumstengel, R.: Zur Konzeption der Patentdokumentation und -information der UdSSR. Neuerer, Ausg. B (1969) 5, S. 104–109.

Die Chemiefaserstoffe der Deutschen Demokratischen Republik

Chemiefaser-hersteller	Chemieseiden aus	Chemiefasern aus	Registr. Verbandszeichen Chemieseiden	Chemiefasern
VEB Kunstseidenwerk „Clara Zetkin" Elsterberg	Zellulose		REGAN®	
VEB Spinnstoffwerk „Otto Buchwitz" Glauchau		Zellulose		REGAN®
VEB Chemiefaserkombinat Wilhelm-Pieck-Stadt Guben	Polyamid Polyamid Polyester		DEDERON® DEDERON® (PA-S-kt) GRISUTEN®	
VEB Sächsisches Kunstseidenwerk „Siegfried Rädel" Pirna	Zellulose Zellulose Zellulose (Chemie-Kupferseide)		REGAN® REGAN® (VI-S-kt) REGAN®	
VEB Sächsische Zellwolle Plauen		Zellulose		REGAN®
VEB Chemiefaserwerk „Friedrich Engels" Premnitz	Zellulose	Polyamid Polyacrylnitril Polyester	REGAN®	DEDERON® WOLPRYLA® GRISUTEN®
VEB Chemiefaserwerk Schwarza „Wilhelm Pieck" Rudolstadt	Polyamid	Zellulose	DEDERON®	
VEB Zellstoff- und Zellwollewerke Wittenberge		Zellulose		REGAN®
VEB Filmfabrik Wolfen	Zellulose	Zellulose Polyacrylnitril Polyvinylchlorid	REGAN® (VI-S-kt)	REGAN® WOLPRYLA® PIVIACID®

31 712

LEISTUNG OHNE KONKURRENZ

72–210 m/h sind die Leistung einer Fadenlagennähwirkmaschine „Malimo 1600" – eine Leistung ohne Konkurrenz!

Das umfangreiche Einsatzgebiet der Nähwirkmaschinen „Malimo" umfaßt die Herstellung textiler Flächengebilde für Haushaltwäsche, Raumtextilien, Oberbekleidung und technische Textilien.

Einfache Bedienung und Wartung sowie ein geringer Platzbedarf garantieren einen hohen ökonomischen Nutzeffekt

TEXTIMA

XX DDR

20 Jahre Deutsche Demokratische Republik — 20 Jahre dynamischer Fortschritt

VEREINIGUNG VOLKSEIGENER BETRIEBE TEXTILMASCHINENBAU · DDR — 901 KARL-MARX-STADT

MIX
Papier | Fördert gute Waldnutzung
FSC® C083411

Zeitfracht Medien GmbH
Ferdinand-Jühlke-Straße 7
99095 Erfurt, Deutschland
produktsicherheit@kolibri360.de